U0055806

超易懂高中物理筆記

死記硬背OUT！用圖像記憶讓你輕鬆搶分

池末翔太／著　陳識中／譯

物理背後有「1個」故事！

「公式絕對不能死記硬背！」

這是我在每學期的物理課上告訴大學準考生們的第一句話。

為什麼要用這句話當開頭？因為在唸物理學的時候，很多人都對物理抱有「總之就是背公式，然後把數字帶進公式計算就對了」的印象。

講白了，日本的高中物理一共會出現100個左右的公式。

不明就裡地去背誦100個意義不明的數字和符號排列，就跟背誦100串電話號碼是一樣的意思。

這種學習方式，簡直就是苦行。

物理學雖然存在很多俗稱公式的數學算式和專門術語，但它們只不過是長在「物理大樹」上的「葉子」罷了。

學習物理最重要的，是理解這棵「物理大樹」的「樹幹」。而所謂的「樹幹」，則是公式誕生的背景，也就是「故事」。

一旦理解了背後的故事，即使不去刻意死記硬背，你也能夠自行推導出公式（自己從頭寫出算式、導出解答）。

那麼，物理學究竟是個什麼樣的故事呢？

這點我們會在本篇詳細告訴大家。高中物理涉及的內容，在物理學中被歸類在「古典物理學」。

而古典物理學始於牛頓在17世紀發現的運動方程式（牛頓力學）。

當時的科學家以牛頓的力學概念為基礎，透過不斷地試誤，逐一解開了物體的運動、熱、波、電磁力等物理現象的原理。但在19世紀末，科學家們遇上了許多牛頓力學無法解釋的物理現象。

於是古典物理學迎來終點，進入了大學物理才會教授的量子論時代。這便是高中物理背後的故事大綱。

本書配合各物理學單元的解說，盡可能地穿插介紹各個科學家的名字和相關公式的背景，最大程度地描繪出背後的故事。

我認為這種作法，**既可以幫助讀者認識物理學的基礎，讓本書發揮參考書的功能，還能同時讓讀者品味到由名震歷史的科學天才們全心全力建立的壯闊物理學史故事，兼具歷史科普讀物的角色，成為一本不同以往的物理入門書。**

本書的原文書名有段文字是「讀過一遍就絕對忘不了」。

我相信多數拿起這本書的人，一定都在心想「哪有可能讀過一遍就記住那麼多公式！」。

不過，物理學其實是一門根本不需要背誦的科目。

在學生時代，以為物理就是一門背公式的科目，為此飽受折磨的人；還有被物理學出現的大量數學算式嚇破膽，從此敬而遠之的文組人，如果你是這兩類人，那我更希望你能閱讀本書。

我相信讀完本書，你對物理這門科目的印象一定會有180度的轉變。

池末翔太

超易懂高中物理筆記 CONTENTS

第1章 力學

第2章 熱力學

第3章 波動

第4章 電磁學

第5章 原子物理學

物理完全不用硬背公式！

最重要的，是隱藏在公式背後的故事

一般來說，高中物理主要集中在「力學（運動與能量）」、「熱力學（熱）」、「波動（波）」、「電磁學（電）」這四大領域。而這些領域中出現的「公式」數量，粗估也有100個左右。

因此，很多人都以為學習物理就是把這些公式統統背下來，於是沒頭沒腦地死記硬背，不了解這些公式背後的意義，結果碰得灰頭土臉。

我敢拍胸脯向你保證，物理其實根本不需要背誦任何東西。如果用一句話簡單地概括物理學，那就是**『假設所有自然現象都按照某種規律在運作，並嘗試描述那些規律的學問』**。

而那些俗稱公式的數學算式，便是「描述」這個行為產生的結果。換言之，**學習物理最重要的不是公式本身，而是公式誕生的背景故事**。

在江戶時代後期到明治初期，日本人把物理學理解為「窮究自然界道理的學問」，稱之為「究理學（窮理學）」。

換句話說，物理是一門從「想知道這世上發生的所有事情！」的欲望中誕生的學問。在物理學中登場的每個「公式」背後，都隱藏著一齣由名震歷史的天才們為了窮究自然界之理，不斷嘗試和犯錯的壯闊「人物劇」。**一旦認識這些故事，即使不像苦行僧一樣刻意去死背那些意義不明的數學算式，你也能自己推導出物理學的公式。**

圖 H-1 物理公式絕對不能硬背！

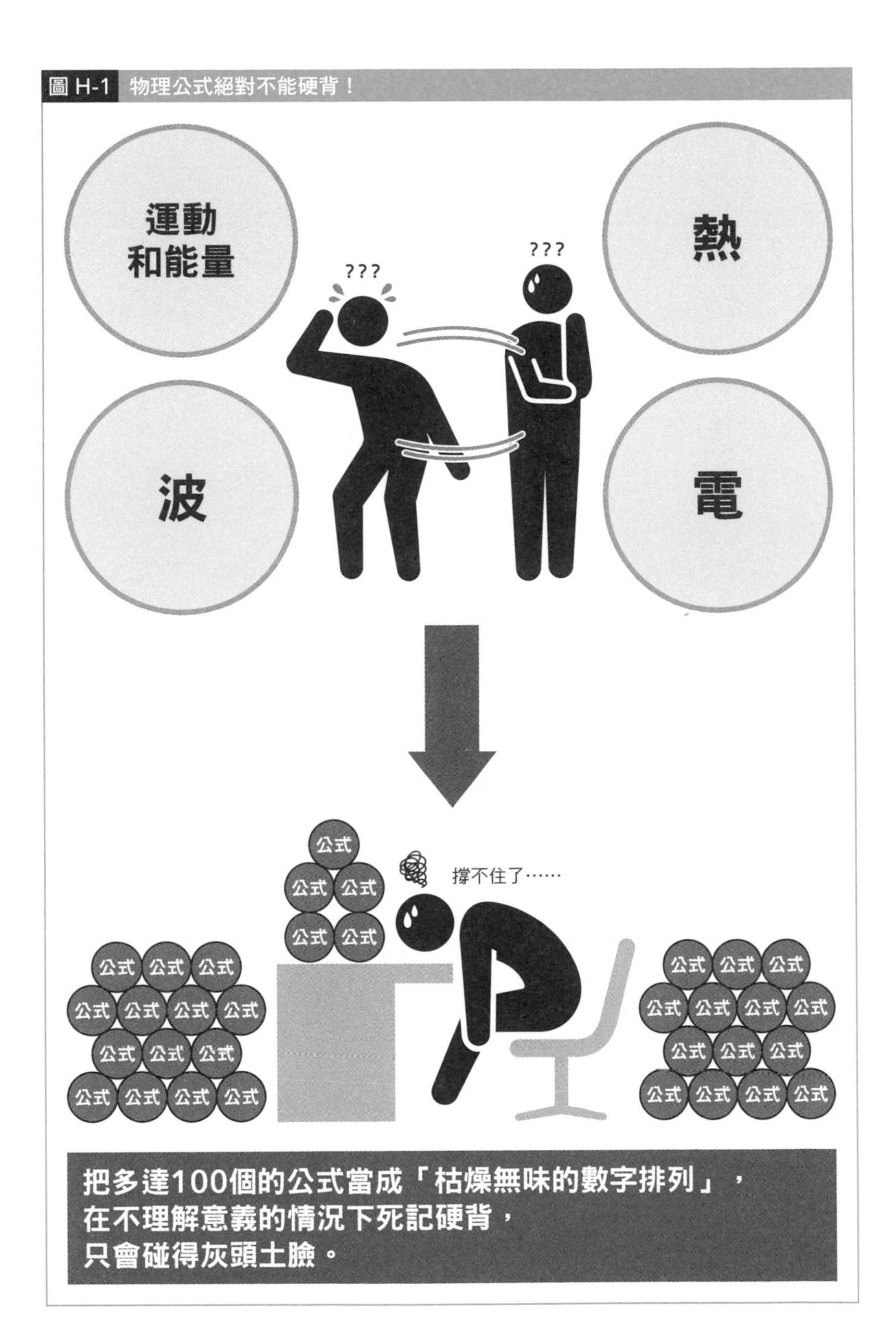

**把多達100個的公式當成「枯燥無味的數字排列」，
在不理解意義的情況下死記硬背，
只會碰得灰頭土臉。**

物理要用「故事」學！

高中物理是一段講述牛頓力學從開始到結束的故事

那麼，高中物理的故事是什麼呢？

請看右邊的圖。

其實高中物理的內容，是基於在17世紀到19世紀誕生的研究。這些內容在物理學上俗稱**「古典物理學」**。

而古典物理學的起點，則是從17世紀由牛頓發現的運動方程式（$ma=F$）開始。

首先，在發現運動方程式後，**人類終於能完美地理解「粒子的運動」**（**牛頓力學**）。

接著，科學家們又基於牛頓力學，開始把「熱」當成「氣體中的分子運動」來研究（**熱力學**）。

然後，科學家們又想到「波」可能跟同屬「力學」現象的「簡諧運動」有關（**波動**）；而「電」也可以理解成「電氣粒子的運動」，以「力學的運動方程式」為基礎，推動了電的研究（**電磁學**）。

就這樣，多虧了牛頓力學，物理的各個領域都逐漸完備。到了19世紀後半葉，物理學距離集大成已經只剩一步之遙。

然而，牛頓力學卻在這時撞上了一堵高牆。

在更加渺小的微觀世界中，開始陸續觀察到牛頓力學無法解釋的現象。而這便是大學之後才會學到的**「現代物理學」**的起點。

換句話說，高中物理的內容用一句話總結，就是**「學習現代物理學之前必須先了解的古典物理學歷史」**。

圖 H-2 1個始於運動方程式的「物理研究」故事

17世紀

高中物理（古典物理學）

① 力學（運動和能量）

所有現象都能用$ma=F$（運動方程式）來表達。
完美解釋了粒子的運動。牛頓力學的起點

② 熱力學（熱）

把「熱」理解為「氣體中的分子運動」

③ 波動（波）

把「波」視為「力學」現象，
理解成一個個粒子的「簡諧運動」

19世紀

④ 電磁學（電）

把電理解為「粒子的運動」

19世紀後半，科學界發表了許多跟「牛頓力學」矛盾的研究，終結了古典物理學。現代物理學的時代開始。

大學物理（現代物理學）

量子論（相對論和量子力學等）

高中物理一言以蔽之，
即是「學習現代物理學之前必須先了解的物理歷史」。

只有這些！物理所需的數學知識

理解高中物理所需的數學知識只有4個

要理解高中物理的內容，必須用到高中數學的知識。但是，最少必要的高中數學知識，其實就只有4項。所以，為了讓對數學沒有自信的讀者也能看懂，我想先簡單講解一下這4項知識。

《高中物理需要的數學知識①》向量

所謂的「向量」，即是「具有大小和方向的量」。一般來說，向量習慣在英文字母上加箭號來表示，比如「$\vec{F}$」。用圖表示的話，則是1個從起點連到終點的箭頭。而F是向量的大小（在大學以上的課程中，向量常常用粗體的$\boldsymbol{F}$來表示）。

同時，我們可以用畫平行四邊形對角線的方式，來做2個向量的加法。也可以把這個步驟反過來，將相加後的向量拆回原本的2個不同向量。

圖 H-3 向量

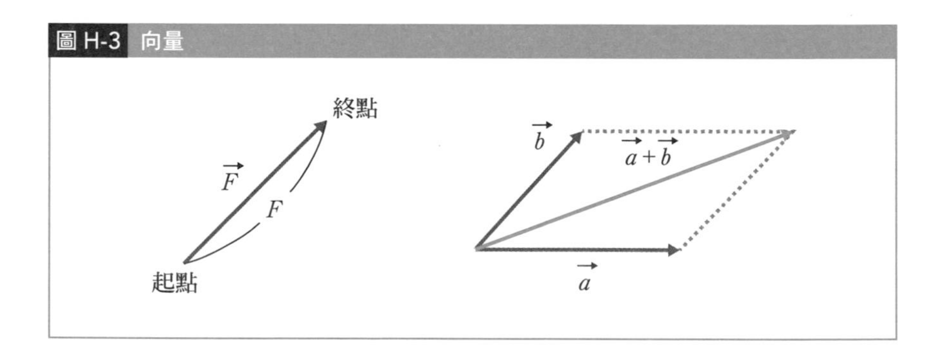

《高中物理需要的數學知識②》三角比

從直角三角形的3邊中取2個邊，這2個邊的比值就是**「三角比」**。

三角比一詞其實是「**三角**形2邊**比**」的縮寫。三角比共有$\sin\theta$、$\cos\theta$、$\tan\theta$這3種。

圖 H-4 三角比的定義

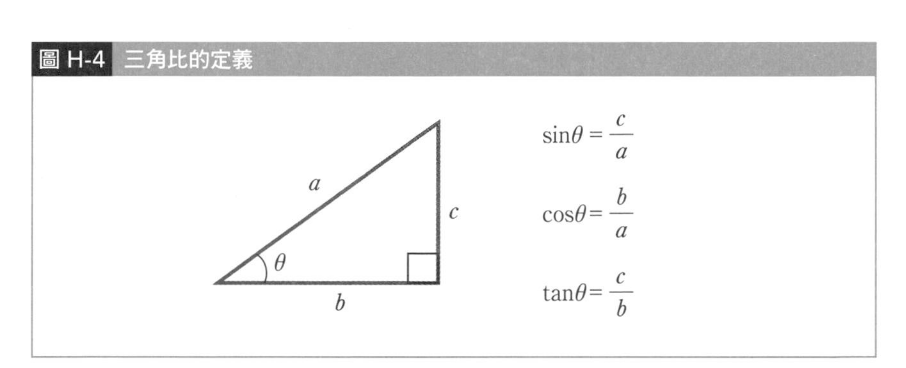

《高中物理需要的數學知識③》弧度法

如60°或90°，在數字的右上角畫○來表示角度的方法稱為「度數法」，是種廣為人知的角度測量方法。這種方法是將圓分成360等分來測量角度。

除此之外，還有另一種表示角度的方法稱為**「弧度法」**。請看右圖。右圖是一半徑為r，弧長l的扇形。此時，如果將扇形的圓心角θ定義為$\theta = \frac{l}{r}$，則角度單位稱為[rad]（radian，弧度）。比如，假如有一半徑r的半圓（半圓也是扇形的一種），則此半圓的圓心角用

圖 H-5 弧度法

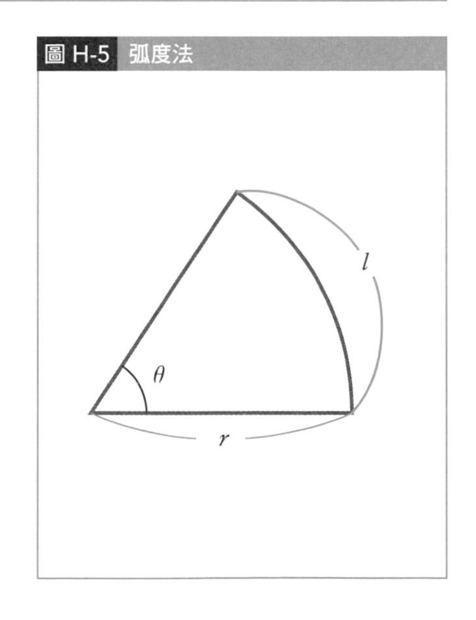

度數法表示就是180°。而改用弧度法表示的話，因為弧長是圓周（$2\pi r$）的一半πr，故$\frac{\pi r}{r}=\pi$[rad]。換言之，180°＝π[rad]。度數法的90°是$\frac{1}{2}\pi$。簡單來說，弧度法就是用半圓的長度來表現圓心角角度的方法。

《高中物理需要的數學知識④》三角函數

而三角比的概念進一步擴充後就是**「三角函數」**。

三角比和三角函數的決定性差異是「角度」。三角比的定義是用「直角三角形」計算，所以很顯然「角度θ」的範圍被限制在$0° \leq \theta \leq 180°$，換用弧度法表示便是$0 \leq \theta \leq \pi$。

另一方面，三角函數計算的圖形可以是任何角度。

三角函數的圖是個漂亮的波形，在物理的世界也被用來表現「簡諧運動」或「波動」現象。

圖 H-6 三角函數的圖

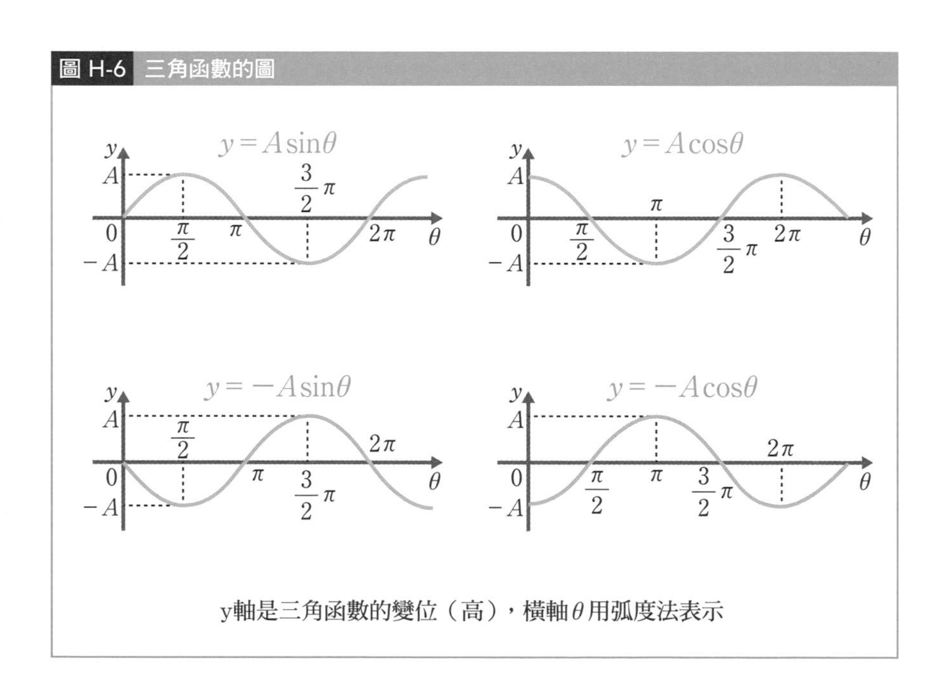

y軸是三角函數的變位（高），橫軸θ用弧度法表示

第 1 章

力學

力學的9成 是運動方程式

古典物理學始於力學

在古典物理學中扮演中心角色的古典力學，是從牛頓發現的$ma=F$這個**「運動方程式」**開始的。牛頓主張**「物體的運動可用運動方程式完美說明」**。而實際上，科學家們也陸續證明了這世界的各種運動現象的確可以用「運動方程式」來說明。

因此，**古典物理學可以說是一個始於發現牛頓運動方程式的故事**。

本章在開始介紹運動方程式之前，我們要先從「為什麼物體會移動？」這個力學的根本問題——「物體的運動論」開始聊起。接著，一邊介紹**「等加速度運動」**，一邊聊聊運動方程式的重要概念——「加速度（在運動方程式中用a表示）」。

講完加速度後，再來才是力（在運動方程式中用F表示）。**「力學定律」**中最重要的，是力量必定成對而生的**「作用力與反作用力定律」**。而力的種類，其實基本上只有「重力（場的力）」和「接觸力」2種。物理課上雖然會談到**「摩擦力」**、**「彈力」**、「垂直抗力」、「張力」或「浮力」等的力，但它們全都是「接觸力」。

介紹完加速度和力，接著會講解透過變換「運動方程式」創造出來的物理量**「功和能」**與**「衝量和動量」**。最後，我們會透過具有質量和體積的物體（**剛體**）的運動，來講解力量使物體旋轉的作用**「力矩」**。

第 1 章 【力學】的概覽圖
為什麼物體會動？
（物理的運動論）
等加速度
運動
力是從哪裡出現的？
力的定律
作用力與反作用力定律
摩擦力
彈力
慣性力
萬有引力定律
牛頓發現
「運動方程式」
運動方程式
牛頓主張「物理的運動可以
用運動方程式完美解釋」
可從「運動方程式」
推導出的運動資訊①
功和能
力學能守恆定律
可從「運動方程式」
推導出的運動資訊②
衝量和動量
動量守恆定律
思考具質量和體積的
物體運動
剛體和力矩

力學的目的是認識物體「何時」在「何地」

物理學從「物體運動論」開始的理由

高中物理是從**「物體的運動論」**開始教起。

之所以從「物體的運動」開始教，其實是有原因的。

一如前文所說，物理學的目的是**『假設所有自然現象都按照某種規律在運作，並嘗試描述那些規律的學問』**。換句話說，就是用來描述自然現象的學問。

而**科學家們做的第一個嘗試，就是建立世間所有現象皆與「物體（正確來說是粒子）」有關的模型（假說）**。

這句話的意思是，因為萬物都是由原子、分子組合而成（當然這也只是人類創造的假說），所以「球的運動」就源自「組成球的物體之運動」，「星星的軌道」源自「組成星體的物體之運動」，「人類的情感」則源自「組成人類大腦的物體之運動」等等。科學家們認為，也許宇宙中的一切現象都可以用「物體的運動」來解釋。

換句話說，**「物體的運動」這個概念，可以說是物理的「出發點」**。

而力學的目標，就是完美地描述「物體的運動論」。

那麼，我們要知道什麼，才能說自己「完全理解運動了！」呢？

從結論來說，是當我們成功**用「時間」的函數求出物體的「位置」**時。

所謂的函數，是指「當某個變數確定時，另一個與之對應的變數也會跟著確定」的關係性。

換言之，「當時間確定後，位置也會跟著確定」。說得更簡單點，我們想知道的是**「物體何時（時間）在何地（位置）」**。

描述「位置」

接下來，我們暫時將物體的範疇局限在俗稱**「質點」**的粒子。所謂的質點，也就是**「具有質量，但無視體積的物體」，亦即「有質量的點（粒子）」**。雖然這世界實際上不存在「有質量但體積為0的粒子」，但這裡先設定一個理想化的情境。

那麼，就從最簡單的「質點的運動」看起吧。

若把「運動論」定義為「用時間的函數來表示物體的位置」，那麼首先遇到的難題，就是該如何表示**「位置」**。

最典型的物體位置表示方法，就是**「直角座標系（笛卡兒座標系）」**。也就是國中數學介紹的x**軸**、y**軸**（3次元的話還要再加上z軸）座標系統。這是由撰寫《談談方法》的法國哲學家勒內‧笛卡兒發明出的座標系統。

速度＝位置隨時間的變化量

在物理學中，為了讓大家在討論時正確理解彼此在說什麼，有時科學家們會發明新的學術用語。其中之一就是**「速度」**這個物理量（所謂的物理量，就相當於物理學這門語言的「單字」之意）。在物理學中，凡事都是從**「定義」**開始。

而速度的定義如下：

速度＝每單位時間的位移

位移就是「位置的變化量」之意，**在物理學的世界，習慣用「1秒鐘」當作時間單位**。說得更簡單點，就是**「1秒鐘內前進了多少距離」的量化數值**。

因此，如果把這句中文定義改寫成數學式，就變成下面這樣：

$$v = \frac{\Delta x}{\Delta t}$$

Δ的發音是「delta」，對應希臘字母的「D」，代表Difference（差、變化量）的意思。這個數學式的意思是：用位置x的變化量，除以時間t的變化量，就能得到速度v。不過這個式子只是把速度的定義從中文翻譯成數學式，並不是公式。時間t是time的首字母縮寫，速度v是velocity（「速度」的英文）的首字母縮寫。

由於位置一般跟距離一樣會使用[m]當計算單位，所以速度的單位就是[m/s（公尺每秒）]。秒的英文是second，所以通常寫成[s]。

然後是單位的寫法。再回頭看一遍剛剛的數學式，速度v是用「Δt分之Δx」這個分數來表達。Δt的單位當然就是[s]，而Δx的單位是[m]。

換言之，只看單位的話，由於速度等於「[s]分之[m]」這個分數，所以單位就是[m/s]。另外，／就相當於分數的橫線。

加速度＝速度的時間變化

在預測物體的運動時，若能掌握**現在「速度」是變得愈來愈快（加速），又或是變得愈來愈慢（減速）**，事情就會變得簡單很多。

因此，我們還要再引進**「加速度」**這個術語（物理量）。

所謂的「加速度」，是用來表現「速度如何隨著時間變化」的概念。換言之，**加速度的定義是「每單位時間的速度變化量」**。寫成數學式的話如下。

$$a = \frac{\Delta v}{\Delta t}$$

簡單來說，加速度只是用來表示某物體在1秒鐘內是變得更快還是更慢。「加速度a」的a是acceleration（英文的加速度之意）的首字母。**加速度的單位是[m/s^2]，唸作「公尺每秒平方」**。如同定義式可見，加速度就是再次用速度除以時間。

到此為止，我們用位置隨時間的變化量定義了速度，再用速度隨時間的變化量定義了加速度。

然後科學家們就開始研究，能不能用這個「加速度」的概念去理解萬物的運動。

很快地，科學家們發現一切意外地順利，加速度簡單又流暢地解決了所有問題。換言之，科學家們意識到，**只要知道加速度，就能得知所有的運動資訊**。因此在發明加速度後，科學家們便沒有創造更多術語了。

因為在數理科學的世界，「賦予專有名詞」代表這個概念對於理解某個自然現象非常重要，又或是非常方便。

而在加速度被發明後，科學家就不再特別為加速度隨時間的變化量創造新名詞，便是因為它對於理解自然現象並不是很重要。

順便問一下，你知道當加速度為0的時候，物體會如何運動嗎？

「加速度為0」換一種說法，就是**「物體既沒有加速，也沒有減速。即速度完全不變」**。

換言之，假如物體一開始就靜止不動，就會保持靜止；假如物體一開始就以某個速度移動，就會保持該速度永遠移動下去（等速直線運動）。

所以說，某物體的加速度為0，不一定代表它是「靜止的」。

用「v—t圖」解讀「3個數學式」的意義

等加速度運動有3個數學式

在力學殿堂的入口首先登場的是「**等加速度運動**」。等加速度運動就是**「在某個區間，加速度維持不變的運動」**的意思。

下面舉一個「等加速度運動」的例子，介紹如何從加速度取得速度和位置等資訊。

如下圖，設想有某物體沿著x軸做直線運動。

圖 1-1　等加速度運動的物體

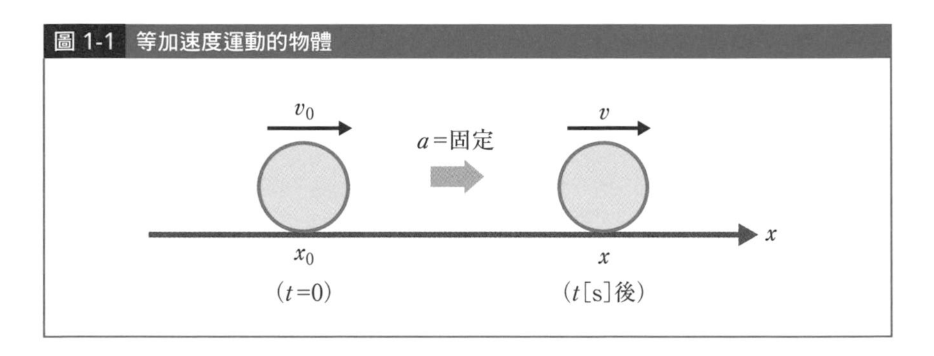

物體最初（ $t=0$ ）的速度稱為**初速 v_0，最初的位置稱為初始位置 x_0**。

在等加速度運動中，以下3個等式成立。

① $v=v_0+at$

② $x=x_0+v_0t+\frac{1}{2}at^2$

③ $v^2-v_0^2=2a(x-x_0)$

用v－t圖導出等加速運動的算式

縱軸是速度，橫軸是時間的座標圖稱為「$v-t$圖」。如下圖，讓我們來想想看從初速v_0開始加速的$v-t$圖吧。

圖 1-2　$v-t$圖①$v=v_0+at$

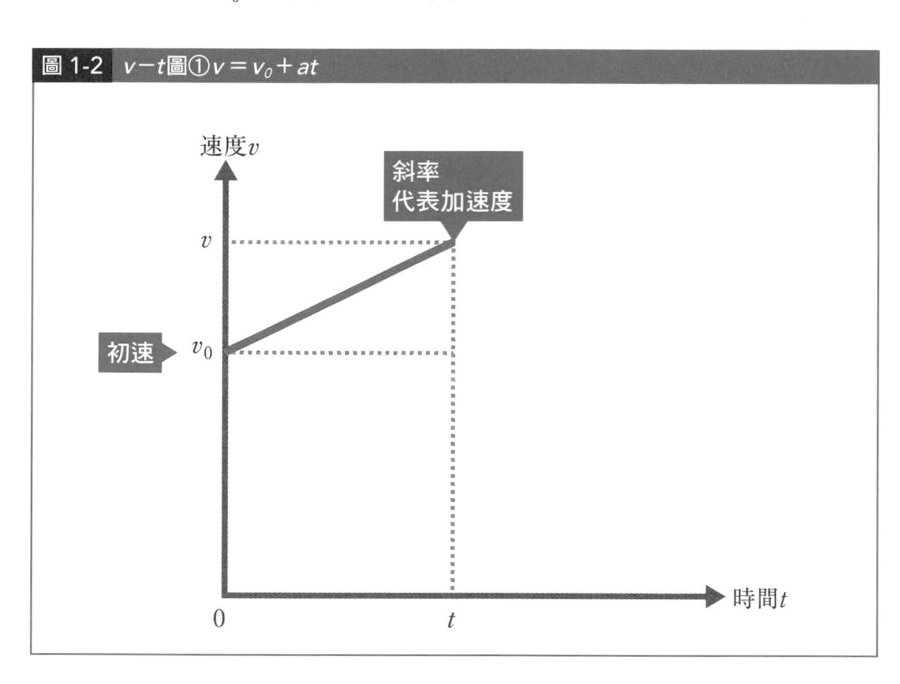

這個$v-t$圖的「斜率」代表「加速度」，「面積」代表「移動距離」。

換言之，圖形的斜率可以用速度的變化量Δv除以時間的變化量Δt求出。寫成算式如下。

$$\frac{\Delta v}{\Delta t}=\frac{v-v_0}{t-0}$$

這個算式正好跟加速度a的定義式相同。

因此，我們可以依下面的步驟導出等加速運動的算式①。

$$a = \frac{v - v_0}{t - 0}$$

$$v - v_0 = at$$

$$\therefore v = v_0 + at$$

接著再來計算面積吧。

首先，為什麼面積會代表移動距離呢？請看下面的$v-t$圖。

圖 1-3　面積是移動距離

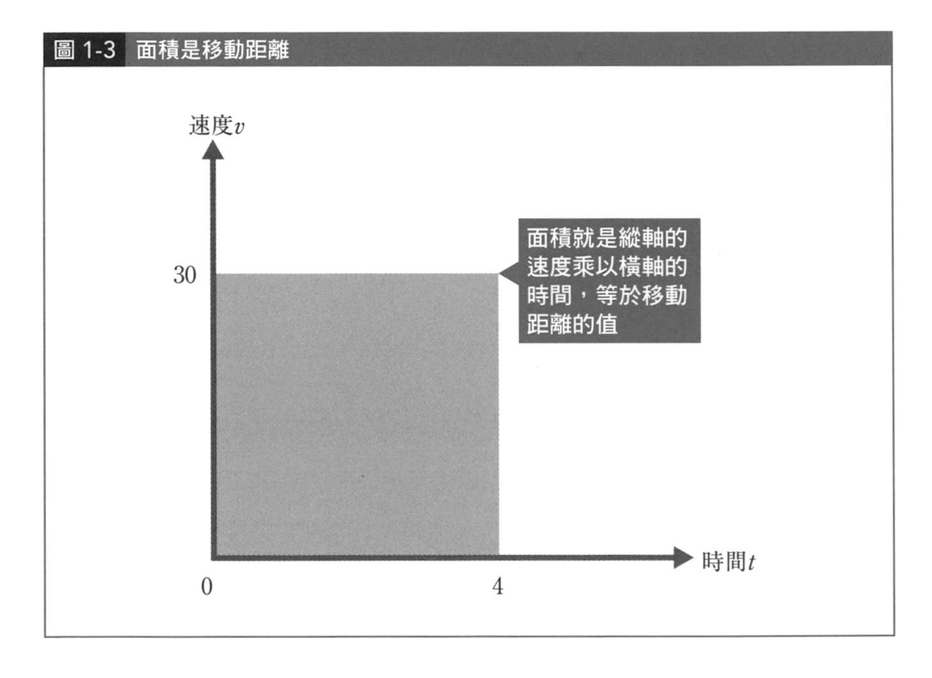

上方這張圖代表某物體以速度30[m/s]的等速直線運動移動了4[s]的情況。此時的移動距離是30×4，即120[m]。此值剛好就對應了這張圖的面積。

那麼，剛剛那張$v-t$圖的面積又該怎麼求才好呢？雖然那張圖是梯形，但我們可以把它拆成上半部的三角形和下半部的長方形。

圖 1-4 $v-t$圖②$x=x_0+v_0t+\frac{1}{2}at^2$

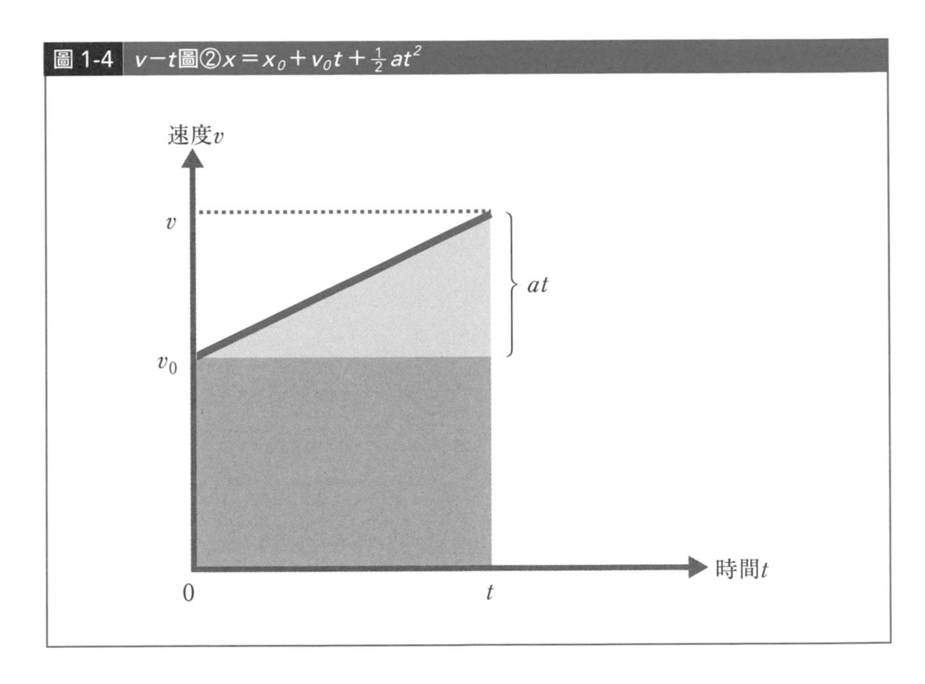

於是，由於上半部的三角形底邊長是t，高是$v-v_0=at$，所以面積便是$\frac{1}{2}at^2$而下半部的長方形是v_0t。

因此移動距離是$x-x_0=v_0t+\frac{1}{2}at^2$，即能變形成$x=x_0+v_0t+\frac{1}{2}at^2$，如此就得到了等加速度運動的②式。然後，我們還可以消去①和②式中的時間t。根據②式，導出$x-x_0=t\left(v_0+\frac{1}{2}at\right)$，再把由①導出的$t=\frac{v-v_0}{a}$代入。

$$x-x_0=\frac{v-v_0}{a}\left\{v_0+\frac{1}{2}a\left(\frac{v-v_0}{a}\right)\right\}$$

將此式變形，就變成$v^2-v_0^2=2a(x-x_0)$，得到等加速度運動的③式。由此可見，我們完全不需要死背等加速度運動的算式，自己就能一下子推導出來。

求「2個移動物體」的「速度」和「位置」

交錯而過的電車速度稱為「相對速度」

通常，當我們計算物體的速度或加速度時，算的是從地表（即地面）觀測到的數值。然而，有時從某物體B上觀測物體A的運動，會比從地表觀測更好理解，且這種情況是有可能在現實中發生的。

例如，下圖有2輛行駛方向相反的電車A和電車B。這2輛電車的速度分別是70[km/h]和50[km/h]。

假如這個時候你就坐在電車B上，請問在你眼中所看到的電車A會是多快呢？

圖 1-5 逆向行駛的2輛電車

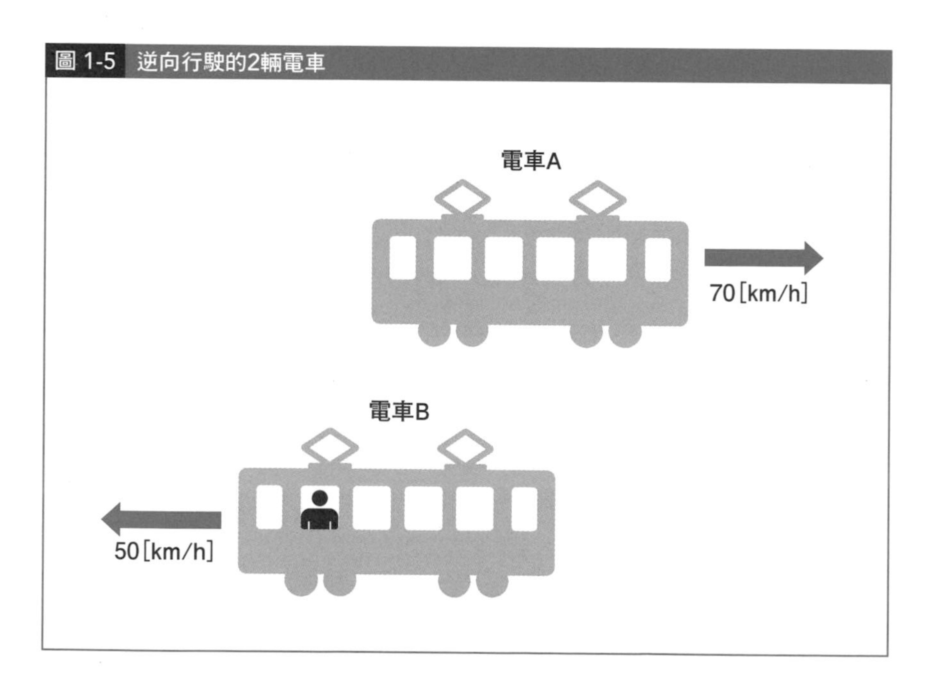

你應該會看到電車A以超過70[km/h]的速度往右邊遠去。

我想很多人應該都在搭電車通勤或上學時有過這種經驗。這就稱為**「相對速度」**。

相對速度可用下面的方式定義。

「A 對 B 的相對速度」可用 $v_r = v_A - v_B$ 算出。
（因為相對的英文稱為relative，所以習慣標註為 r）

在左圖的情境中，「A對B的相對速度」是70－（－50）＝120[km/h]，所以你會感覺到電車以非常快的速度交錯而過（假設往右為正）。

順帶一提，**「對～」可以換成「在～看來」**。換言之，**「A對B的相對速度」就是「在B看來A的速度是多少」**的意思。

因此，**看到問題問「A對B的相對速度」時，只要想成「【自己】坐在B（此例中是電車）上，用【自己的眼睛】看著對象，看起來會是怎麼樣」就行了**。而 $v_r = v_A - v_B$，其實只不過是在計算下面這件事。

$v_r = v_{對象} - v_{自己}$

還有，除了「相對速度」之外，還有「相對位置」和「相對加速度」，它們也可以用下面的方式定義。

【相對位置】 $x_r = x_A - x_B$（從 B 上看到的 A 的位置資訊）
【相對加速度】 $a_r = a_A - a_B$（從 B 上看到的 A 的加速度資訊）

表示「力」和「加速度」之因果關係的運動方程式

運動的因果律＝運動方程式

高中物理的力學一般被歸類在**「古典物理學」**下，俗稱**「古典力學」**。「古典物理學」是始於17世紀前後，在19世紀中葉成形的學問體系。

為了確實理解現代物理學，必須先具備古典物理學的素養。

因為是先有古典物理學這層地基，才有現代物理學的存在。

古典力學有個別名為**牛頓力學**。主宰物體運動的規則，取其『**運動**之原**因**和結**果**的**律**則』的意義，被稱為**「運動的因果律」**，而發現這個律則的科學家是**艾薩克‧牛頓**（當時並沒有科學家這種稱呼，而是稱為自然哲學家）；為了致敬這位偉人，運動定律又被稱為牛頓力學。

牛頓主張，物體的運動可以用下面的**運動方程式**完美說明。

$$ma = F$$

總而言之，你只要先知道m代表「**質量**（英語mass的首字母）」，是「物體本有的常數」就沒問題了，它的單位是[kg]。a是前面說過的加速度，單位是[m/s^2]。F是一般俗稱的「**力**（力的英文Force的首字母）」，單位是[N（牛頓）]。牛頓這個發想的天才之處，在於他想到了「一定有某個東西決定了加速度a的大小。而這個東西就叫力F！」。

「給予相同大小的力，質量小（簡單說就是比較輕）的物體會動得更快，亦即加速度比較大。相反地，質量大（簡單說就是比較重）的物體會更難動起來，亦即加速度比較小。換句話說，這不就代表世間萬物都具有『不易加速性』嗎？既然如此，就把這個性質命名為『質量』吧！」牛頓如此推理，就這樣發現了「運動方程式」。

$ma = F$這個公式，掌握了理解整個物理的巨大關鍵。你可能會納悶「雖說是理解，但也只是知道質量m×加速度a等於力F不是嗎？」，但那只是**「數學性」的解釋**。

用**「物理學式」的解釋**來說，運動方程式的意義是：

「用來表示**『對質量m的物體施以力F，會產生加速度a』**這件事的原因和結果關係（因果關係）。換言之，是因為有外力存在，才會產生加速度（運動）」

用力拉則快速移動，小力拉則慢慢移動

我想此時應該有不少人都在心想「施加外力就會移動，這不是廢話嗎？」才對。沒錯，其實運動方程式的意義非常單純，就連小學生都能明白。

現在，假設質量m固定不變。此時，若力F漸漸變大，那麼加速度會怎麼樣呢？想當然耳，加速度也會愈來愈大。換言之，可以解釋成**「施加的力量愈強，物體移動得愈快」**。

那麼，接著再把運動方程式變形成$a = F/m$看看。這一次我們讓力量維持不變，試著改變m的大小。此時，質量小的物體和質量大的物體，何者的加速度更大呢？

根據公式，我們可以知道質量和加速度是反比關係，所以質量愈大則加速度愈小。換言之，這個式子可以解釋成**「沉重的物體比較難移動」**（在地球上，基本上可以想成質量大＝沉重）。

圖 1-6 運動方程式表示了力和加速度的關係

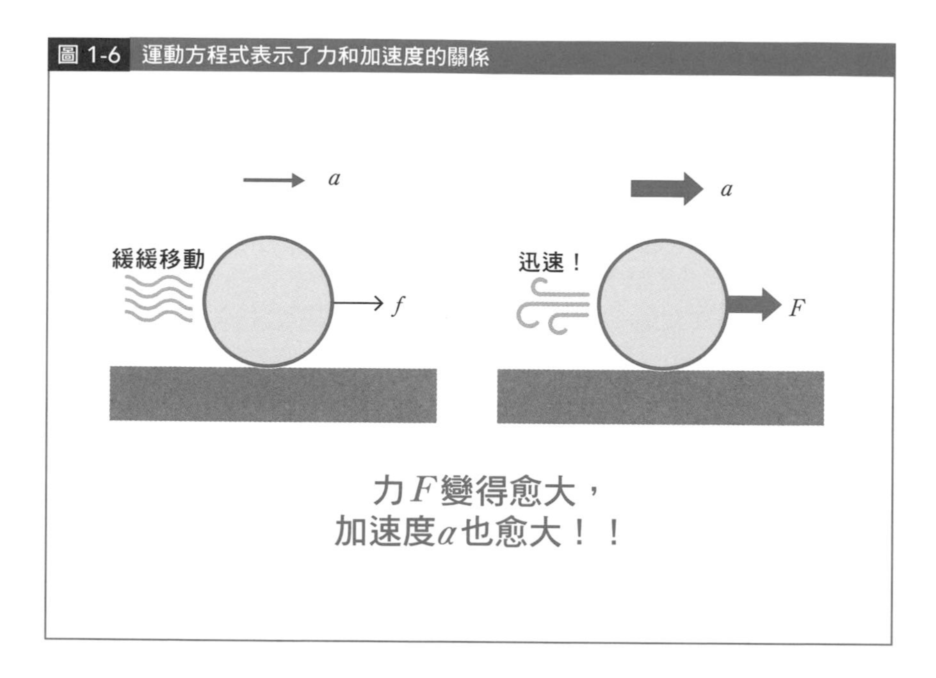

由此可見，運動方程式的內容其實都是理所當然的常識。而牛頓的厲害之處，在於他用明確的數學式寫出了這個「常識」。

關於運動方程式的推導過程，本書在此省略。不是因為「不想寫」，而是「沒法寫」。這個公式本身是不可能證明的。**只要學習古典物理學，就必須認同運動方程式是正確的。**一般來說，這樣的式子稱為**「原理」**。因為**牛頓力學所描繪的世界觀，就是以運動方程式成立作為前提發展起來**的。

「力」決定了運動

牛頓的運動方程式主張**「給予力量，就會產生加速度」**。

於是，科學家們接著遇到的問題便是「力是從哪裡來的？」。

其實，任何人都能找到力。這是因為**在古典力學中，基本上只有2種力存在**。

這時應該很多人會開始納悶「但是學校課本中明明就出現了〇〇力、△△力等一大堆不同的力……」吧。的確，我們的課本中介紹了很多種力，但所有的力其實都可以分成兩大類。

這兩大類就是**「1.重力（場的力）」**和**「2.接觸力」**。

「1.重力（場的力）」是**物體不需要跟另一個物體接觸也能作用的力**。重力是從物體的重心（質量中心）往下產生。總而言之，請先把重力想成從物體正中心往下作用的力即可。它的大小要用重力加速度g這個值，等於mg。在地球表面（地表）附近，所有物體都存在1個方向向下的加速度g。

至於為什麼會有重力存在，這是個相當難以解釋的問題。目前科學家還沒有解決重力理論的問題。總而言之，你只要知道古典力學中存在1個名為重力，大小等於mg的向下力就行了。

至於「2.接觸力」一如其名，是**「透過接觸來作用的力」**。

換言之，**只要物體「跟某物接觸」，就必定會有力的存在**。接觸力其實就只有這麼簡單。

我們常以為力有「彈力」、「垂直抗力」、「摩擦力」、「張力」及「浮力」等很多種力，但它們其實全部都是「接觸力」。彈簧「跟物體接觸」時產生的力稱為「彈力」，地板「跟物體接觸」時產生的力稱為「垂直抗力」，跟粗糙的表面接觸則稱為「摩擦力」，繩子「跟物體接觸」時產生的力稱為「張力」，物體跟水「接觸」時產生的力稱為「浮力」，只是人類給它們取了不同的名字罷了。

而由於古典力學中就只有2種力，所以要找到它們也很簡單。

首先，從物體的中心畫出向下的重力mg。接著看看這個物體跟什麼東西接觸，然後在接觸的位置畫出接觸力。只要學會這2個步驟，你就能成為尋找力的大師。

至少需要2個物體才能產生力

力一定是雙胞胎

接著，我們再來想想「力的定律性」。

力的定律性不只1個，而是有很多種。

其中最重要的是**「作用力與反作用力定律」**。

這個定律在國小自然課也有出現，我想應該大多數人都有聽過。

而這個定律常常用下面的方式來說明。

當人用力推牆壁時，牆壁也會用力推人。而這2股力的方向相反，大小相等。

換句話說，**當人對牆壁施力（作用力）時，牆壁也會對人產生相反的作用力（反作用力）**。這世界上所有的力，都必然存在這個現象。

不過，雖然這句話本身並沒有錯，卻沒有提到最關鍵的作用力與反作用力定律**「真正想表達的事」**。

「作用力與反作用力定律」最想表達的，其實是下面這件事。

在這世上，力必然是兩兩一組產生，換句話說一定是「雙胞胎」。

換言之，不可能發生「只有單一物體的作用力，而沒有其他任何力發生」的情況。

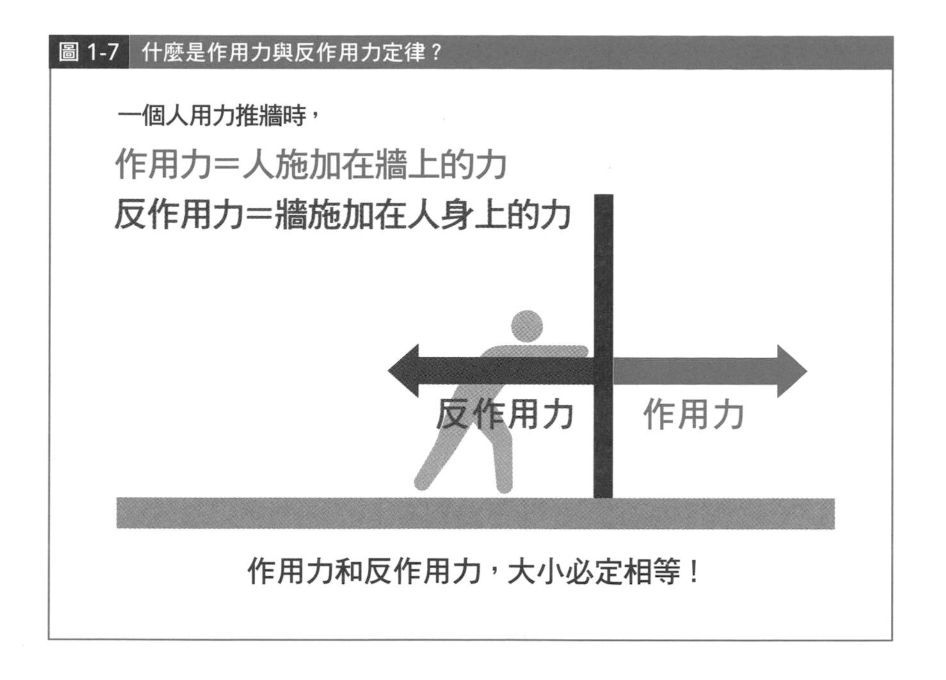

簡單來說，力一定是**「某物跟另一物之間互相作用」**。

因此，有時候力又被稱為**「交互作用」**。可以交互影響的東西，就稱為力。

也就是說，我們之所以可以認知到自己正在運動，是因為有「除自己之外的比較對象」存在。

比如，當我們從自己的家移動到附近的車站時，是因為有「家」和「車站」的存在，我們才能認知到自己產生了移動。

換言之，**必須至少有2個物體，「運動」這個概念才能存在**。

接觸力就是原子、分子的電磁力

接觸力的真面目

在「運動方程式」一節，我們說到力可以分為「重力」和「接觸力」2種。

在古典力學中，這2種力是完全不同種類的東西。

關於**重力**，我們會在牛頓的「萬有引力定律」一節中再次講解，所以這裡先稍微深入談談**接觸力**。

先提前劇透一下，在現代物理學中，力一共有**「重力」、「電磁力」、「強力」、「弱力」**這四大類（「強力」和「弱力」真的就叫這個名字）。換言之，「重力」到現在依然被視為宇宙中存在的根源之力。

那麼，古典力學中的另一巨頭「接觸力」的真面目又是什麼呢？其實，所有的**「接觸力」放到微觀世界來看，就只有「電磁力」這1種力**。

讓自己的雙手慢慢互相靠近，在兩手相距約5cm左右時，我們什麼也感覺不到；但當距離縮短到0.0001mm左右時，你應該就能感覺到雙手接觸時的「力」。這股力就是組成我們雙手的原子和分子在距離非常靠近時所產生的、互相排斥的電磁力。相反地，我們把手貼合時所感覺到的力，則是構成手的原子和分子的電結合力。換言之，在「運動方程式」一節中登場的「垂直抗力」、「摩擦力」與「彈力」等，雖然在宏觀尺度下看起來像是「因為接觸才產生的力」，但從微觀尺度來看，其實就是原子、分子之間的電磁力。現在，科學家們正努力嘗試建立可以統合這4種力的單一定律（這稱為**大統一理論**），但還沒有什麼進展。

用力的「分解」來思考斜面運動

推導運動方程式時的3個要點

讓我們以「斜面上的物體」為題目，實際應用看看運動方程式吧。應用運動方程式的要點有以下3點。

（要點1）畫出作用於主要物體上的力
（要點2）設定座標，假定加速度
（要點3）$ma=$○（←將力的資訊正確地填入運動方程式的右邊）

只要記住這3個要點，就能應用運動方程式來計算各式各樣的運動。如下圖所見，在角度θ的斜面上放置質量m的物體（為簡化情境，這裡先假設此斜面完全不存在摩擦力）。由於作用力只有重力和接觸力，所以只需要考慮向下「重力mg」和「來自斜面的力」。由於「來自斜面的力」的作用方向垂直於斜面，所以我們稱它為「垂直抗力N」（垂直的英文Normal的首字母）。

圖 1-8 作用於斜面上之物體的2種力

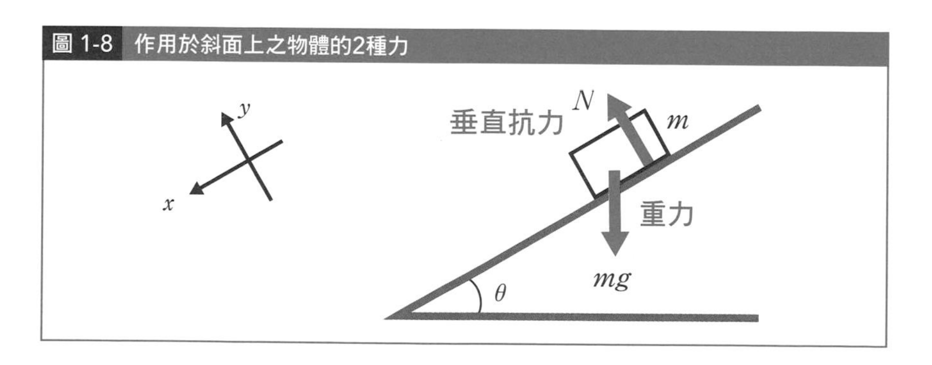

接著是座標，按照你喜歡的方式設定也沒問題。不過，依下面的方式來設定會比較好理解。因為物體是沿著斜面移動，所以建議把斜面的平行方向設為x軸，垂直方向設為y軸。

然後要假定加速度，但在此之前必須先做**「力的分解」**。垂直抗力N與y軸平行，所以不用調整；但重力mg不跟x軸也不跟y軸平行，所以要把它分解成x方向和y方向的力（見次頁的上圖）。

因為斜面的傾斜角度是θ，所以圖中有顏色的角角度也是θ。這點只要把代表重力的箭頭（向量）往正下方延長便一目瞭然。換句話說，θ＋●＝90°。由重力分解而成的2股上色的力，夾角也是90度，所以有顏色的角角度也是θ（次頁的中央圖）。因此，重力mg的x方向分力大小是$mg\sin\theta$，y方向分力大小是$mg\cos\theta$。這裡我們不考慮物體從斜面浮起，或是陷入斜面的情況，所以可假設x方向的加速度為a（次頁的下圖）。

這樣就準備完成了。接著寫出運動方程式。因為有x軸、y軸2個分力，所以運動方程式也有2個。首先，對於x方向的分力，由於運動方程式認為「力就是使質量m的物體產生加速度a的東西」，換句話說即「使質量m的物體朝x方向產生加速度a的原因是$mg\sin\theta$」，故可得出以下等式。

$$ma = mg\sin\theta$$

另一方面，如同前述，因為我們假設物體不會從斜面上浮起，也不會陷進去，所以y方向的分力必須跟垂直抗力方向相反且大小相等，故可得出以下等式。

$$N = mg\cos\theta$$

順帶一提，這個y方向的等式稱為**「靜力平衡」**。

用x方向的運動方程式求加速度，就會得到$a = g\sin\theta$，即「此物體做加速度為$g\sin\theta$的等加速度運動」的結論，可以完美理解此物體的運動。

圖 1-9 分解力的步驟

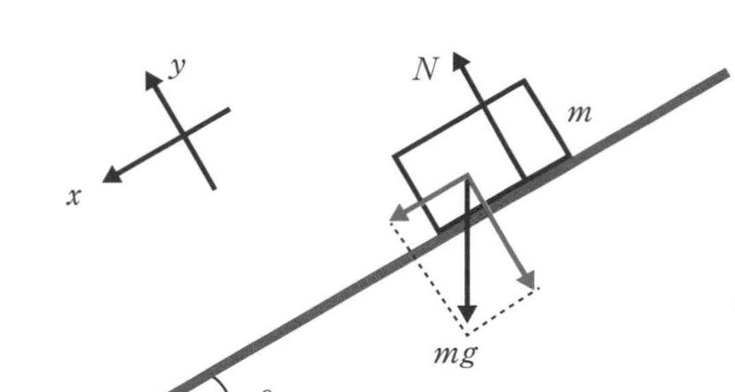

把重力mg分解成x方向和y方向

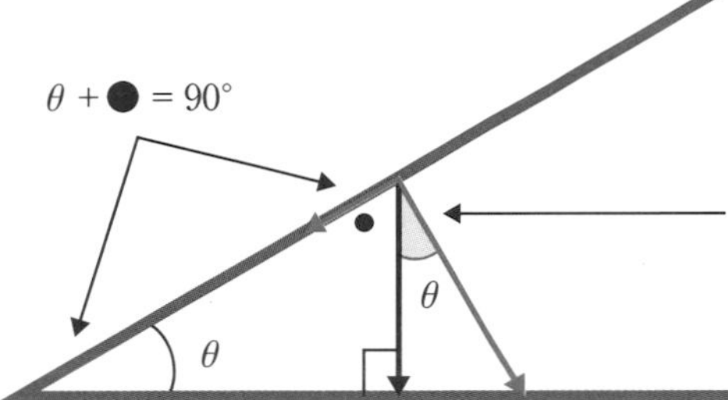

因為「有顏色的角＋●」是90°，故有顏色的角也是θ

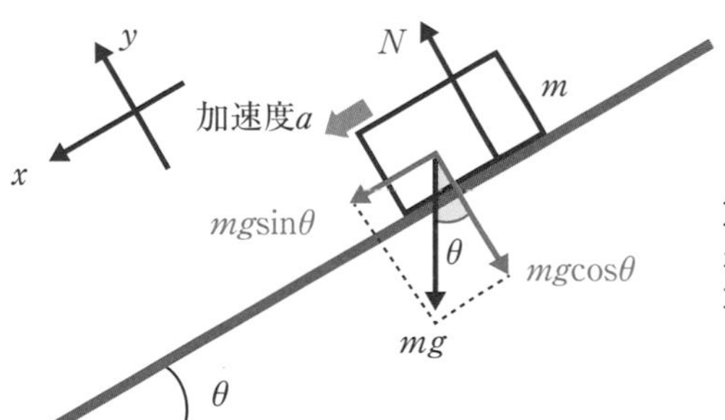

重力mg的x方向大小是$mg\sin\theta$，y方向的大小是$mg\cos\theta$

靜力平衡就是「加速度為0」的運動方程式

其實，靜力平衡也是運動方程式！

在上一節，我們在思考「斜面上物體」的運動時，提到y軸方向的運動方程式是「$N = mg\cos\theta$」，並說這是**「靜力平衡」**。

此時，可能有些人會感到疑惑：「那這就不是運動方程式的範疇，而是靜力平衡了吧？」

確實，有些教科書和參考書上會把「運動方程式」和「靜力平衡」分成2個不同的章節，很容易導致誤解。但我敢向你拍胸脯保證，**「靜力平衡」就是「運動方程式」**。

讓我們用下圖的例子來想想看這個問題吧。假設在地面上放置1個紙箱。

圖 1-10 地面上的箱子

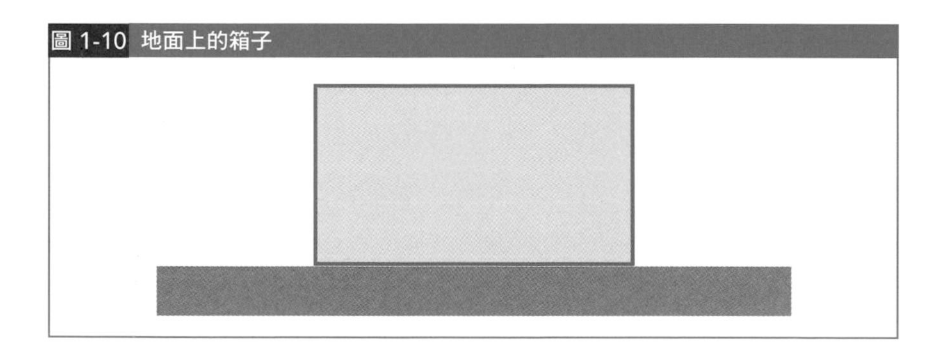

並畫出所有作用在這個紙箱上的力。

古典力學的作用力只有重力和接觸力2種。在上圖中，即是向下的重力mg和來自地面的垂直抗力N。

然後，設定y座標（這次不需要設定x軸）。此次y軸的正向設定為朝上或者朝下都可以，這裡我們選擇朝上。

接下來，要假定加速度，但此次我們根本不需要解運動方程式，因為紙箱只是貼著地面，不會浮起來，也不會沉入地面。

換言之，從一開始就已經知道「向上的加速度為0」。

圖 1-11 作用在箱子上的2股力

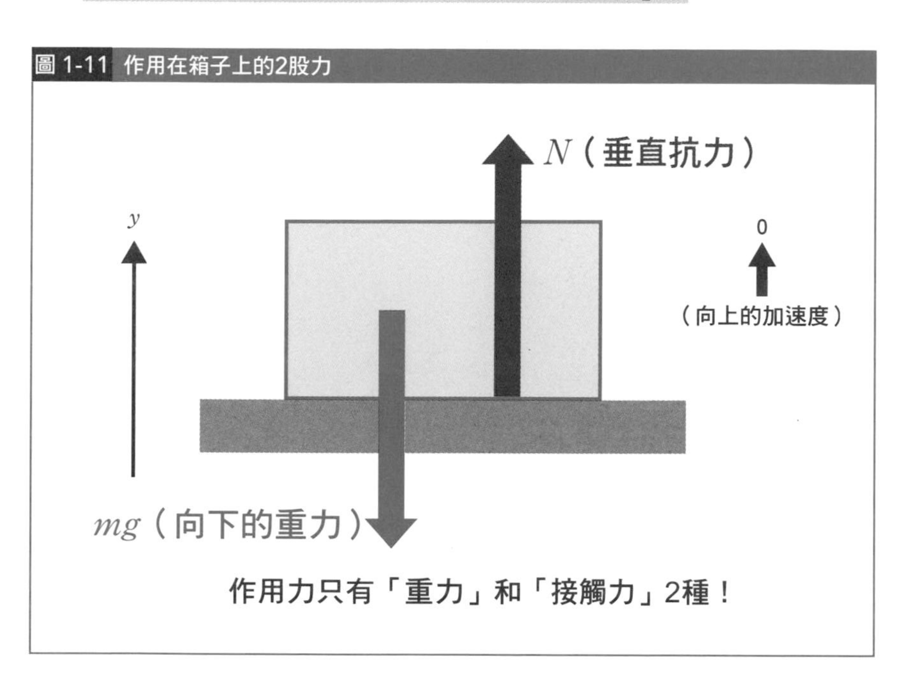

因此，y軸方向的運動方程式如下。

$$m \cdot 0 = N - mg$$

移項整理後，便是「靜力平衡」的式子（$N = mg$）。換句話說，**所謂的「靜力平衡」不過是「加速度為0的運動方程式」**罷了。因此，證明時大可以在開頭寫上「根據運動方程式～」。

把摩擦力
拆成3個向量來理解

與抗力的關係

正因為有摩擦力存在，人們才能行走、抓取物體。如果沒有摩擦，我們的日常生活也將不復存在。由此可見摩擦力的重要性。首先，讓我們先看看摩擦力與抗力的關係吧。

想像把某個物體放在「凹凸不平的粗糙表面」上，再對物體施加向右的微弱力量F。這時，光憑微小的力量將無法推動物體，物體將會保持「靜止」。

想想看，此時這個物體上存在哪些作用力？

如同前一節所述，**在古典力學中，對物體的作用力有「重力」和「接觸力」2種，所以可以確定至少有「向下的重力mg」和「向右的推力F」**。但除此之外還有1股力，由於這個物體「跟地面接觸」，所以它跟地板的接觸面也會產生「接觸力」。

那麼，來自地板的接觸力是往哪個方向產生的呢？

請看下圖。

圖 1-12 重力和力F的合力

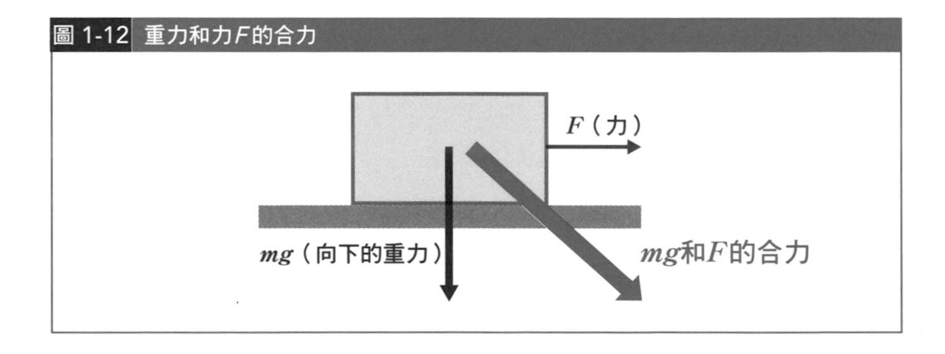

這裡我們故意先合成了「重力和向右的推力」。所以，重力和力F結合而成的力（合力）就是2個向量相加，變成指向「右下方」的力。

接著回頭思考一下物體的運動情形。現在這個物體是「靜止」的。也就是說，它的加速度維持0的狀態，亦即**「靜力平衡」**。在這個物體上，「重力和力F的合力指向右下方」，而且這個物體又是「靜力平衡」的狀態，由此可知「來自地板的接觸力」**必定如下圖所示「指向左上方」**。

圖 1-13 接觸力的方向

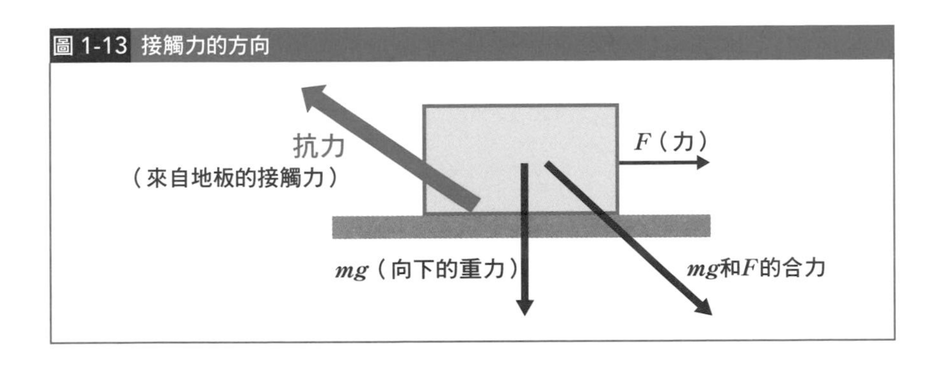

「來自某個表面的接觸力」一般稱為「**抗力**」。

而從結論來說，**這個物體一共受到「向下的重力mg」、「向右的推力F」以及「向左上方的抗力」這3股力作用**。

通常，在討論這種與某表面接觸的物體運動時，習慣以「接觸面的平行方向」為x軸，以「垂直方向」為y軸。如此一來，就必須進一步分解「抗力」。而在「抗力」的分力中，與接觸面垂直的力就稱為「垂直抗力」。**至於與接觸面平行的分力，雖然也可以稱為「平行抗力」，但在歷史上更習慣稱之為「摩擦力」。**總而言之，**「垂直抗力」和「摩擦力」其實本來都是「抗力」**。只不過為了方便計算，我們習慣把抗力分解成跟接觸面垂直和平行的2個方向罷了。

也有極少數書籍寫成「垂直抗力和摩擦力的合力稱為抗力」，但順序應該相反。因為**來自接觸面的作用力只有「抗力」這一股力而已**。

「垂直抗力」和「摩擦力」，就像是一對同樣生自「抗力」的兄弟。

圖 1-14 垂直抗力和摩擦力

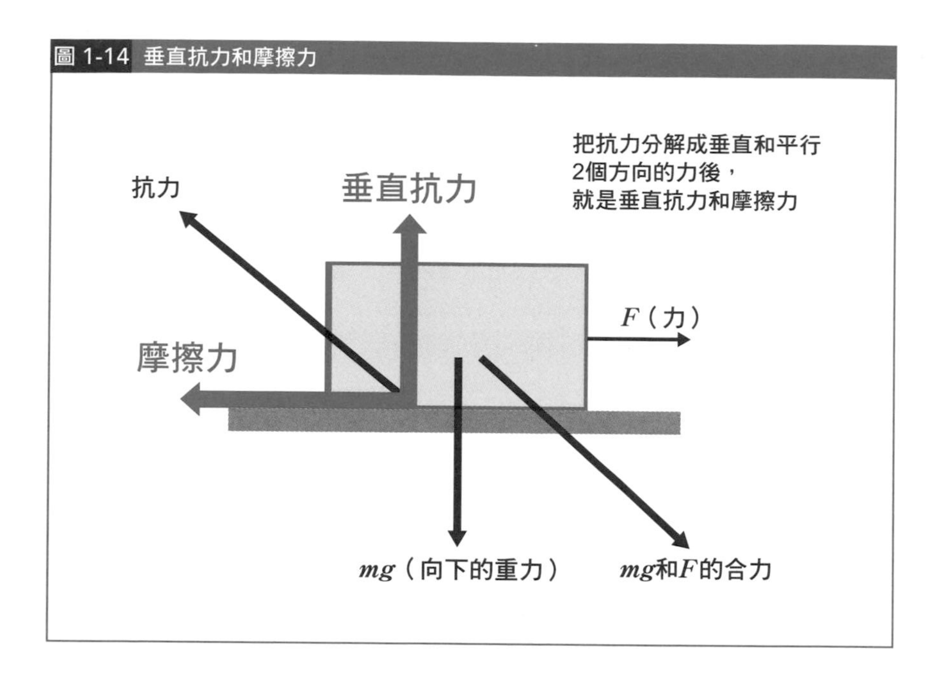

3種摩擦力

摩擦力可粗略分成**「靜摩擦力」**、**「最大靜摩擦力」**、**「動摩擦力」**3種。

靜摩擦力，一如其名是**「物體在接觸面上靜止」時產生的力**。靜摩擦力的重點是它沒有「公式」可以用。原因是靜摩擦力的值會依照「推動物體的力量大小」而改變。舉例來說，假如用3[N]的力推某個物體，該物體動也不動，那麼此時的靜摩擦力就是3[N]；假如改用5[N]的力推，該物體還是動也不動，那麼此時的靜摩擦力就是5[N]。

然而，如果持續增加推力，最終物體將會在某一刻突然往前滑出去。而這一瞬間產生的摩擦力，就稱為**最大靜摩擦力**。

在數理科學的世界，將2個數相除的計算也稱為「求比值」。而此時「物體滑動瞬間的摩擦力」和「垂直抗力N」的比值，被定義為**「靜摩擦係數μ」**。另外，此時的摩擦力稱為「最大靜摩擦力f_{MAX}」。

換言之，我們可以列出μ的定義式。

$$\mu = \frac{f_{MAX}}{N}$$

$f = \mu N$這個數學式雖然常常被人誤解為「公式」，但它只是單純表示靜摩擦係數的定義，並沒有除此之外的意義。那麼，物體滑出去之後會受到哪種摩擦力作用呢？此時產生的摩擦力就是**「動摩擦力」**。

關於動摩擦力，科學家們發現了一件很有趣的事：不論哪種物質，在滑動的時候，「動摩擦力f'」和「垂直抗力N」的比值幾乎都差不多。因此，這個比值又被稱為「動摩擦係數μ'」。換言之，我們可以寫出動摩擦係數μ'的定義式。

$$\mu' = \frac{f'}{N}$$

而且，還有另一件讓科學家感到非常不可思議的事。那就是這世上的所有物質，不論用多快的速度滑動，μ'的值似乎永遠保持不變。

很多科學家都曾經研究過「為什麼動摩擦係數似乎保持不變」，但直到現在還是不知道答案。換句話說，摩擦力是人類時至今日也還沒完全搞懂的力。

計算彈力大小的「虎克定律」

恢復原本狀態的力

「彈簧」和「橡皮筋」等受力後會自己變回原本狀態的物體統稱**「彈性體」**，而彈性體產生的力就稱為**「彈力」**。

下面讓我們用最代表性的彈性體——彈簧來思考吧。

彈簧在沒有受到任何外力，也就是沒被拉長也沒被壓縮的自然狀態下的長度，稱為**「自由長度」**。

而當我們用手施力，把彈簧拉得比自由長度更長時，會感覺到彈簧產生一股想變回自然狀態的力。這就是彈力。

關於彈力，科學家在實驗時發現了一件很有趣的事，就是**「彈力跟彈性體從自由長度伸展和收縮的幅度成正比」**。

通常正比的比例係數用k來表示，稱為**「彈性常數」**。

因此，在右圖的情況中，彈簧會產生1個朝向左方、與伸長量x成正比、大小為F的力，且$F = kx$。

換句話說，**你愈用力拉扯或壓縮彈簧，彈簧就會產生愈強的力量試圖變回原狀**。

不過，這句話並非在所有狀況下都成立。

比方說，假如你把自動鉛筆裡的彈簧拿出來用力拉長，它將會一直保持拉長的狀態，不會變回去。

換言之，$F = kx$是有應用極限的實驗式。雖然在某個範圍內能夠成立，但並不是嚴謹的計算式。

圖 1-15 彈簧伸長後會產生「彈力」

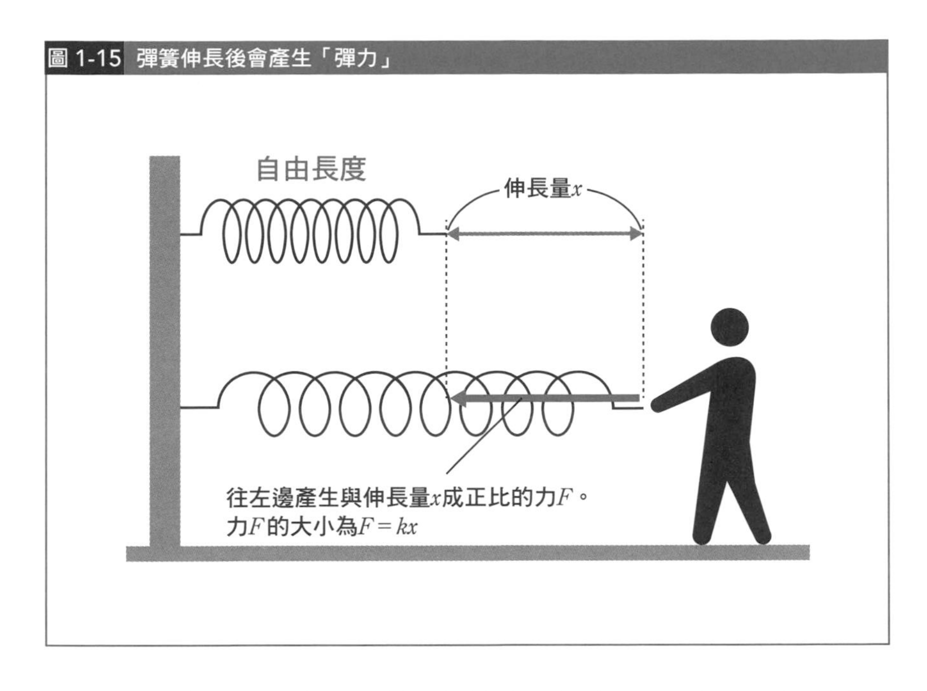

這個彈性體和彈力的關係，依其發現者的名字而被命名為**「虎克（Hooke）定律」**。

羅伯特‧虎克是跟牛頓幾乎活躍在同一時期的科學家，年紀比牛頓稍微大一些。

虎克和牛頓看彼此都不順眼，兩人的關係可說水火不容。

據說在虎克死後，身為皇家學會權威的牛頓便大力掃除跟虎克有關的研究和實驗資料，甚至燒掉他的肖像畫。

順帶一提，虎克曾經當過因發現「波以耳（Boyle）定律」而成名的**羅伯特‧波以耳**的助手，幫助他製造了空氣泵浦。也就是「空氣彈簧」。

他曾利用空氣泵浦，觀察活塞在擠壓泵浦時產生的空氣壓力下反覆跳動的情形。

據說正是因為這個實驗，虎克才對「彈性體」，也就是彈簧產生了興趣。

不屬於重力、接觸力的假想力「慣性力」

運動方程式有效的世界

雖然前面刻意不提，但其實運動方程式只能用在**「慣性參考系」**這個有限的世界。不過，由於地表本身就可以當成一個慣性系，所以長久以來我們都用運動方程式在理解這個世界。

然而實際上，這世上也存在不是「慣性系」的座標＝「非慣性系」。最貼近我們生活的例子就是電車和公車。搭乘電車或公車時，當電車突然加速或緊急煞車，我們會感覺自己的身體好像往前或往後飄。

如右圖所示，想像某輛靜止的電車裡靠近前方的地上放著行李箱，後方則有位乘客。

假設這輛電車朝右方以加速度a開始加速。

這時，乘客會看到行李箱以加速度a朝自己（往左邊）移動。

如果已經讀完本書前幾節的讀者，此時應該會感到不解：「有加速度產生，表示有力量作用在行李箱上對吧？但是，行李箱上的作用力明明只有重力mg，以及來自地板的垂直抗力N而已，那麼向左方作用的力是哪裡來的呢？」

的確，在古典力學中，力只有「重力」和「接觸力」2種，而此時車上乘客感覺到的力，卻不屬於這兩者。

這是因為在加速度運動的參考系中觀測事物時，必須稍微加一點「調味料」。而這個調味料，就是**「慣性力」**。

圖 1-16 慣性力

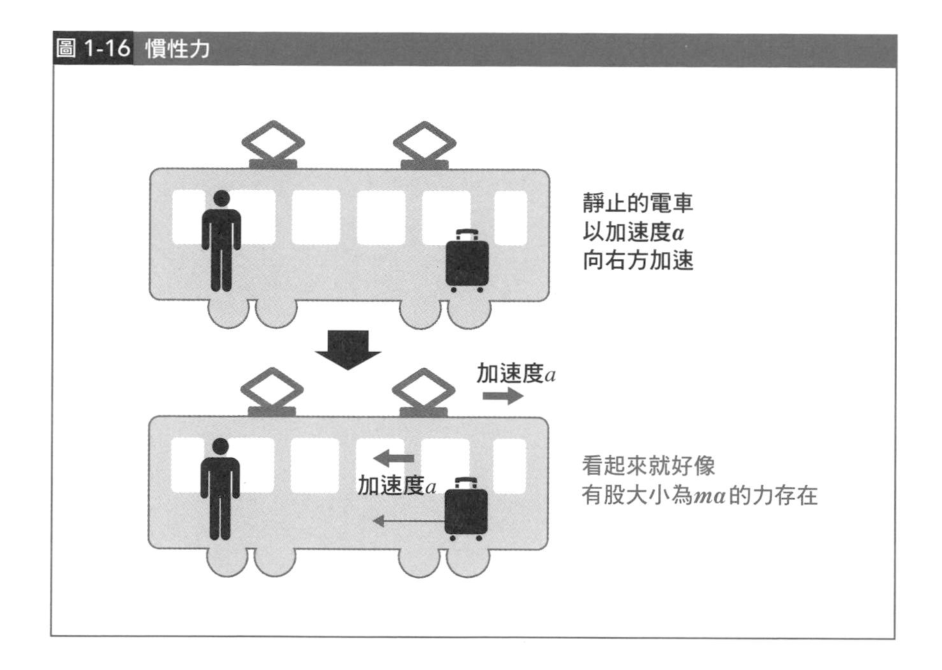

慣性力是種假想力

所謂的慣性力，是**從做加速度運動的物體角度來看，物體彷彿受到某個不是真實存在的力作用，且力的方向與加速度運動的方向相反，而「力的大小等於ma」**，是種**「假想上」的力**。

在建立運動方程式的時候，通常是從地面或地板上的「靜止物」的角度來觀測。此時，力就只有「重力」和「接觸力」這2種。但在某些情況下，改從「運動中的物體」的角度來觀測事物，會更容易討論物體的運動情形。這種時候除了「重力」和「接觸力」，還可以在運動方程式中增加名為「慣性力」的「調味料」。

理解「慣性力」後，不論是「慣性系」或者「非慣性系」，就都能使用運動方程式來分析物體的運動了（順帶一提，參考系的問題後來發展出了廣義相對論這個龐大的主題）。

從運動方程式得到的2種資訊

如果是「力量不固定的運動」呢？

多虧牛頓發現的「運動方程式」，科學家們陸續證明了各種運動現象都可以被解釋。

然而，此時科學家們突然遇到1個重大的問題。

在「理論上」，我們可以用數學求運動方程式的解，藉以算出加速度，並預測、預言物體未來的運動和狀態；但在「現實中」想用運動方程式算出所有運動，卻沒有那麼簡單。

實際上，**以高中數學的知識，能用運動方程式快速求解的基本上只有「力量固定不變的運動」**。

這是因為，如果力F固定不變，那麼加速度a也必然固定不變，代表此物體做的是我們前面介紹的「等加速度運動」，所以可以輕鬆分析出它的運動狀態。

然而，假如力量不固定，在不同時刻和地點的值都不一樣，換言之，當力的函數變得非常複雜時，解運動方程式這件事本身就會變成非常困難的問題。

如果直接說結論，則「力量不固定的運動」必須使用微分方程式來求解，需要用到大學程度的數學知識。

那麼，該怎麼做才能用高中數學的知識來處理「力量不固定的運動」呢？很遺憾，光憑高中數學就連運動方程式本身都解不出來。

但是，請不用擔心。

萬一真的遇到「力量不固定的運動」，只要使用其他運動資訊來解就行了。**當然，這些其他的運動資訊，也都能套用「運動方程式」。**

我們要做的，是把目光投向衍生自「運動方程式」，但**「跟加速度具有不同性質的別種運動資訊」**。

可以從運動方程式得到的資訊

這些資訊便是以下兩者。

1. **功與能**
2. **衝量與動量**

在高中物理課本內，似乎大多把「運動方程式」單獨放在一章，然後把「功與能」獨立為另外一章。

因此，學生們常以為運動方程式和功、能量、衝量、動量都是不一樣的東西。

然而，**不論是功、能量、衝量還是動量，其實全都是「運動方程式」。它們全部是由「運動方程式」這個基本原理變化出來的物理量。**

再重複一遍：**在牛頓力學中，所有的運動都可以只用「運動方程式」理解**。

那麼從下一節開始，我們馬上就來具體看看「功與能」和「衝量與動量」究竟是什麼樣的資訊，以及它們跟運動方程式又有什麼關係吧。

功就是「力的距離總和」

動能K

首先，我們從「功與能」開始說明。

導出的部分暫時跳過，請先抱著看故事的心情，輕鬆地讀下去。

在物體擁有的能量中，最具代表性的其中之一是**「動能K」**（動能的英文是Kinetic energy，故習慣用首字母K當符號）。

以速度v移動的物體，其動能K可以表示成$K=\frac{1}{2}mv^2$。單位是[J（焦耳）]。

圖 1-17 動能K

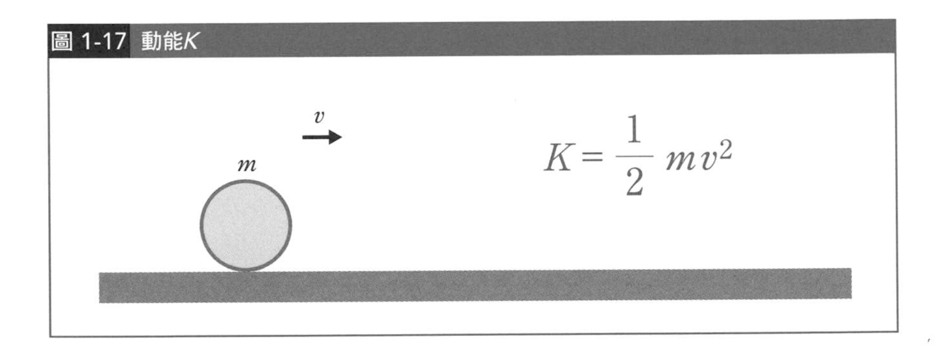

功W

對物體施加一定的力F，使物體移動距離x，這個狀態可以表達成「對該物體做了功$W=Fx$」。換言之，所謂的功就是「施力F使物體移動的距離資訊」，具有「力的距離總和」的意義。要注意這跟我們平常生活中所說的「功」，兩者概念不一樣。

圖 1-18 功

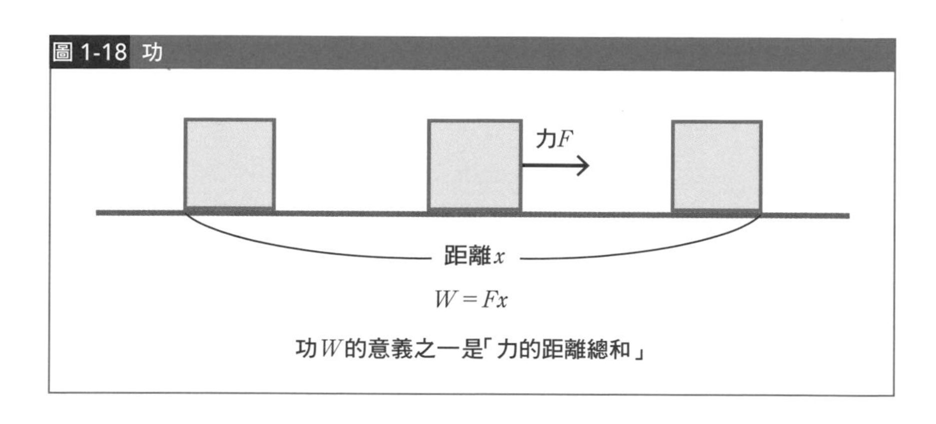

功的正負

功的方向存在參考基準。而我們可以依照這個基準決定功的正負。具體請看下圖。

圖 1-19 功有3個方向

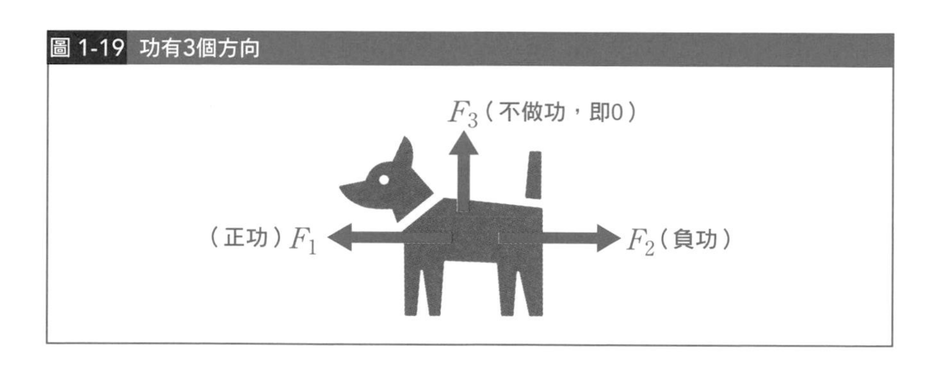

當狗狗向左前進時，牠的身上存在3個不同方向的作用力。

與物體運動方向相同的作用力F_1是「正功」，與之相反的F_2是「負功」，而與前進方向垂直的F_3是「不做功，即0」。用白話一點的方式表達，便是「F_1在努力工作，F_2在妨礙工作，而F_3既不工作也不妨礙工作，只是個在旁邊看熱鬧的路人」。

功與能量存在什麼樣的關係？

「功與能」是從哪裡冒出來的？

功和能量，都是從運動方程式變化推導出來的訊息。

換句話說，**科學家只不過是把2個從運動方程式推導出來的東西取名為「功」和「能量」罷了**。

那為什麼高中課本都沒有介紹功和能量的推導過程呢？其中一個原因可能跟數學有關。

要嚴謹地從運動方程式推導出功和能量，無論如何一定得用到大學數學的微積分知識。

但微積分的計算對高中生而言稍微有點困難，所以物理課本才不得不憑空丟出「功」和「動能」等辭彙。

因此，本節我想介紹高一程度也能看懂，稍微調整過的功和能量的推導方法。

請看次頁的圖。首先，推導的是前述的等加速度運動的第3個運算式。

如圖所見，**用運動方程式等公式對「等加速度運動的算式」做變形時，左邊導出來的資訊就稱為「動能」，右邊的資訊就稱為「功」**。

功與能的關係

接著，再進一步調整、變形這個導出來的式子。

現在讓我們從一開始就假設$x_0=0$，思考$W=Fx$。

圖 1-20 功與能的推導

等加速度運動的算式

$$v^2 - v_0^2 = 2a(x - x_0)$$

兩邊同乘以m

$$mv^2 - mv_0^2 = 2ma(x - x_0)$$

兩邊同乘以$\frac{1}{2}$

$$\frac{1}{2}mv^2 - \frac{1}{2}mv_0^2 = ma(x - x_0)$$

根據運動方程式 $ma=F$

$$\frac{1}{2}mv^2 - \frac{1}{2}mv_0^2 = F(x - x_0)$$

動能　　功

大多情況下$x_0 = 0$

於是，可以得到下面的等式。

$$\frac{1}{2}mv^2 - \frac{1}{2}mv_0^2 = W$$

將此式移項整理後，就變成下面的式子。

$$\frac{1}{2}mv_0^2 + W = \frac{1}{2}mv^2$$

換言之，**這個式子可以解釋成「對最初的動能做功後，等於後來的動能」**。

能量和功的關係，就跟金錢類似

這個式子被稱為**「功與能的關係」**或**「能量原理」**。

功與能量的關係，其實跟金錢很類似。

想像你的錢包裡面有1千元。然後，你又從爸媽那裡拿到了2千元的零用錢。

於是在拿到零用錢後，你的錢包裡頭就變成了3千元。

「初始的能量」加上「功」後變成「後來的能量」，其實就像這麼一回事。

功與能可以在哪些情境下帶來方便？

「功與能」和「衝量與動量」並不能完美解開「運動方程式」，得出完美無缺的資訊。

換句話說，調整運動方程式而得出的資訊其實是 **「不完整、不完善」** 的。

不過，反過來說，這也意味著「我們可以從中取得某些資訊」。

直接串起【速度】⇔【位置】的資訊

請再仔細看一遍下面的算式。

$$\frac{1}{2}mv_0^2 + W = \frac{1}{2}mv^2$$

左邊出現了初速的v_0^2，右邊則出現最終速度v^2的資訊。

而中間項$W = Fx$是力量作用距離之總和的資訊。

所以說，「功與能」是種可以完全無視中間的解析，直接串起「某2點之間的【速度】⇔【位置】」的分析方法。

衝量就是「力的時間總和」

動量是什麼？

除了「功與能」之外，另一個跟物體的運動有關，可以從運動方程式推導出來的資訊，就是「衝量和動量」。

圖 1-21 動量

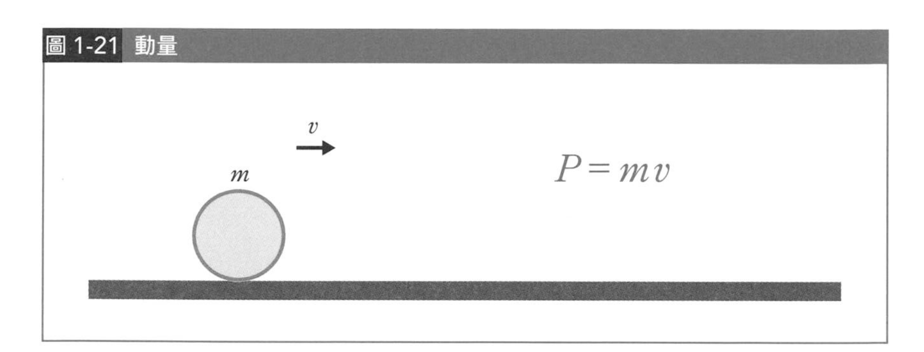

有質量的物體以速度 v 移動時，該物體的動量可以表示如下。

動量 $P = mv$

在學校課本裡，有時會把動量解釋成表示「運動強度」的量，但這只是「後來加上去的概念」。

另外，這裡還有一點常常會造成誤解，那就是科學家絕對不是為了表示「運動強度」才創造了「動量 $P = mv$ 」。

我們後面會說到，動量乃是對運動方程式進行「某種操作」時自動產生的資訊。而在這個資訊產生後，科學家們才創造了「 $P = mv$ 感覺就像是運動的強度」的概念。

衝量

圖 1-22 衝量

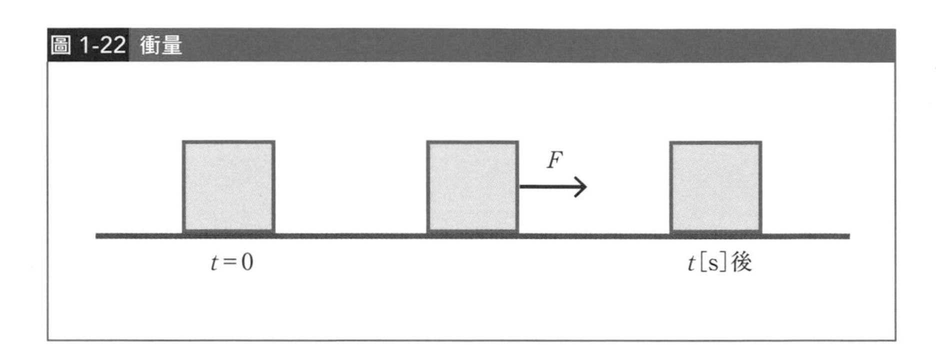

在某段時間t[s]內，對物體施加一定的力F時，該物體上產生的衝量可以表示為$I=Ft$。

換言之，**所謂的衝量就是「施以力F的時間」的資訊，具有「力的時間總和」**的意義。

「功」有「力的距離總和」，「衝量」有「力的時間總和」的意義，兩者屬於不同的物理量。

當然，「不同的資訊」只意味著它們的「應用情境不一樣」。關於這一點，之後我們會再具體地講解。

圖 1-23 功與衝量的差異

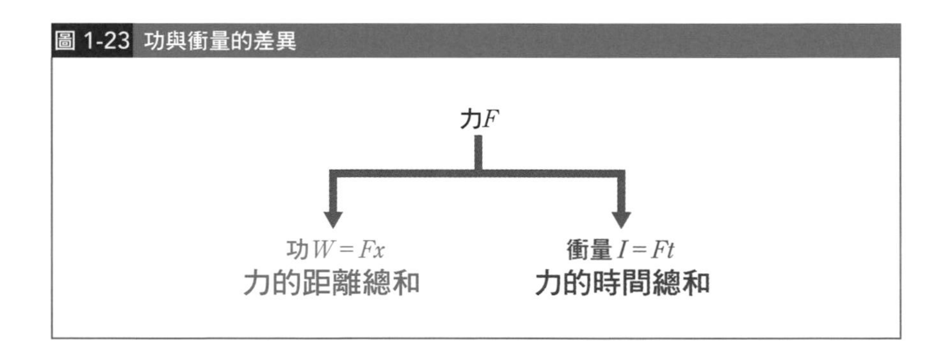

衝量與動量有什麼關係？

「衝量與動量」是從哪裡冒出來的？

接著，我們來推導「衝量和動量」。由於正確的導出方法跟「功與能」同樣需要用到大學程度的微積分法，所以需要稍微做點調整。首先，假設質量m的物體以速度v_0移動。讓我們用某個做直線等加速度運動的物體為例，假設在t[s]的時間內對此物體施加一定的力F後，物體的速度變成v。首先，寫下等加速運動的第1個運算式。將v_0移項，兩邊同乘以質量m。然後，根據運動方程式，ma等於F，便得到最後的式子。

圖 1-24 衝量和動量的推導

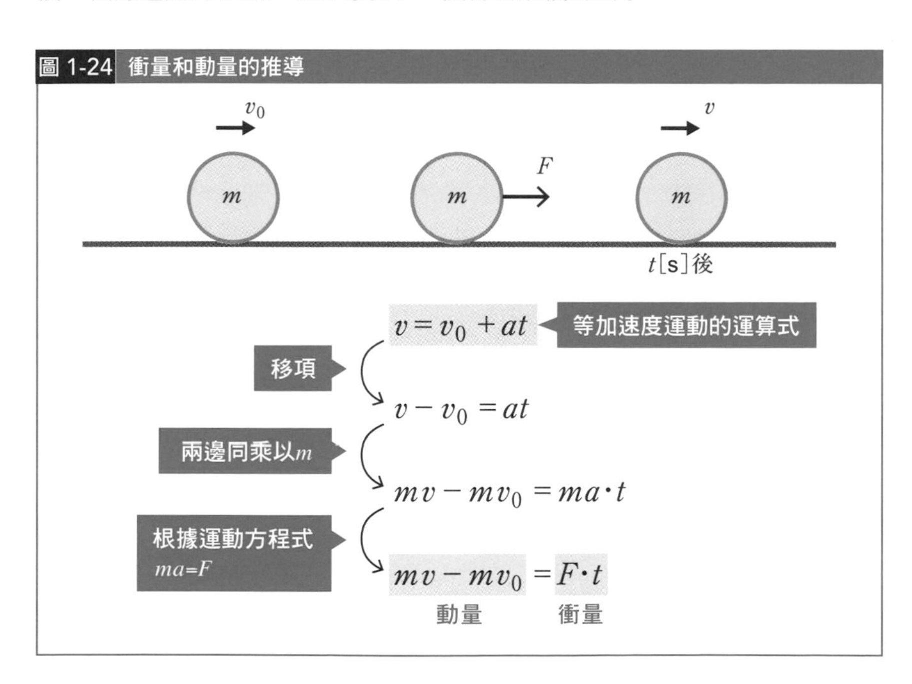

最後的式子等號左邊是「動量」，右邊是「衝量」。

功與能的關係

將前頁圖中的式子如下圖所示移項。

圖 1-25 動量原理

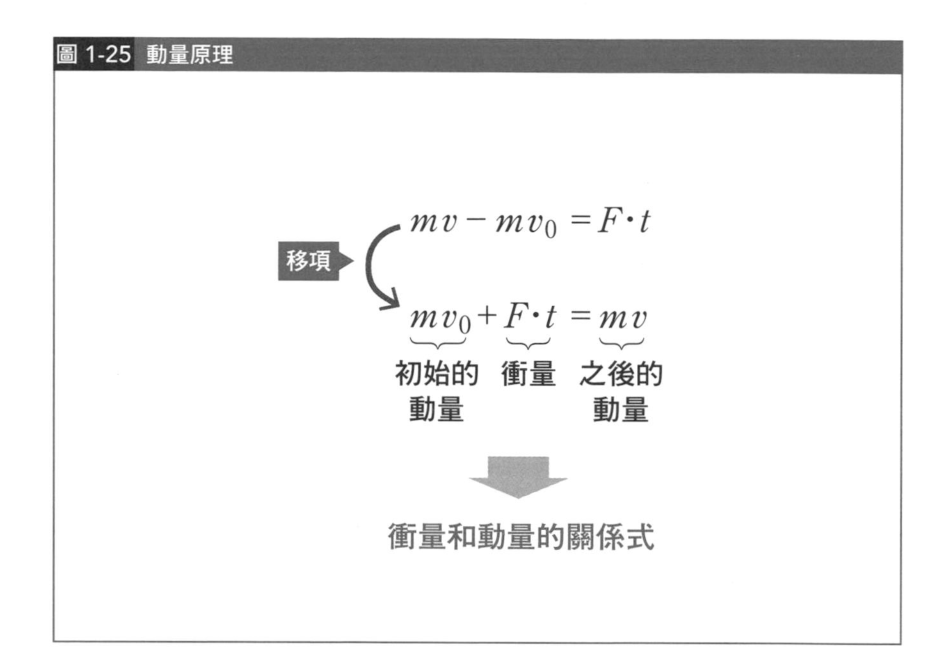

這個式子可以解釋成**「初始動量加上衝量，就等於後來的動量」**。這個式子又稱為**「衝量和動量的關係」**或**「動量原理」**。看到這裡，大家應該會發現它跟「功與能的關係式」其實很相似。

衝量和動量是直接串起【速度】⇔【時刻】的資訊

若衝量$Ft = I$，那麼「衝量與動量的關係」就是$mv_0 + I = mv$。這個等式的左邊出現了初速v_0，右邊出現了最終速度v的資訊。中間項衝量$I = Ft$，則是力的作用時間之總和的資訊。換言之，「衝量和動量」是種可以無視中途的解析，**直接串起『某2點之間的【速度】⇔【時刻】』的解析方法**。

應該什麼時候使用能量或動量？

能量和動量的使用方法

「功與能」和「衝量與動量」能派上用場的情況大致有2種。

第1種是**「力F是非常複雜的函數時」**。此時，解運動方程式這件事本身就非常困難，所以只能退而求其次用「功與能」或「衝量與動量」來取得2點之間的資訊。

第2種是**「雖然可以解運動方程式，但我們只需要2點間的資訊時」**。這是「功與能」和「衝量與動量」的最大優點。

運動方程式是關於運動的完整資訊。反過來說，**它包含了很多我們不一定需要的資訊**。

當我們得到「2點間的資訊」就已經足夠時，就不需要大費周章去解「運動方程式」，改用「功與能」和「衝量與動量」快速求出需要的訊息更加方便。

自由落體的分析

光用文字說明應該還是有人無法理解，所以這裡就試著用「等加速度運動」來分析一下**「某個物體自由落體掉落到h時的速度，以及掉落所花的時間」**這個問題吧。所謂的**自由落體，就是初速為0且只受重力作用的等加速度運動**。

如次頁的圖所示，有顆球受到大小為mg、方向向下的重力作用。換言之，該球正在做重力加速度g的等加速度運動。因為是自由落體，故v_0為0，加速度a就是方向向下的g。首先，我們用等加速度運動公式來計算此球掉落至h位置所花的時間t。

圖 1-26 自由落體①

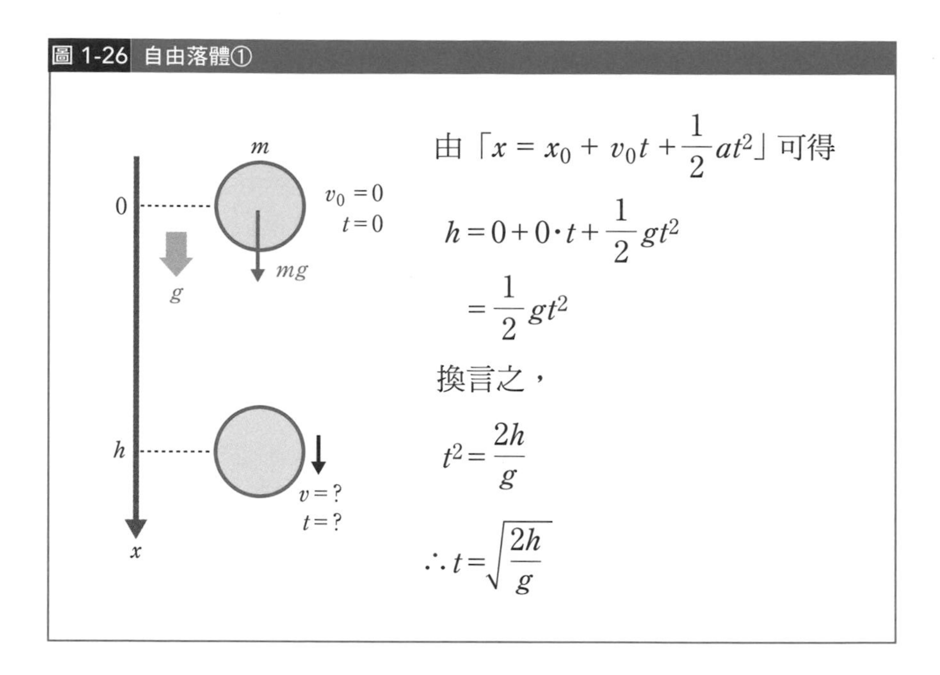

接著，把t代入速度公式。於是得到下面的結果。

圖 1-27 自由落體②

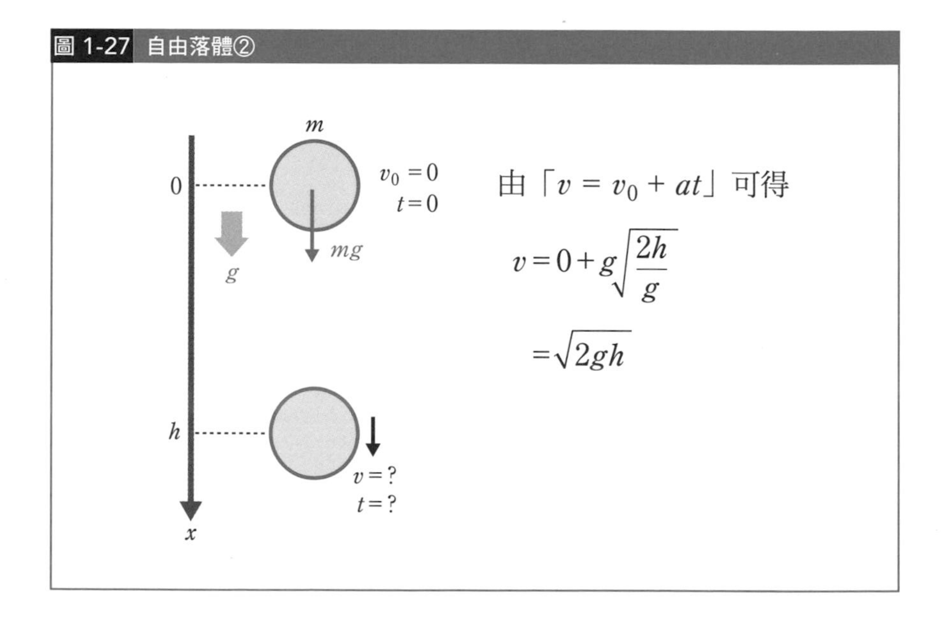

然後，這次再改用「功與能」、「衝量與動量」來計算該球掉落至h時的速度和所費時間。

圖 1-28 自由落體③

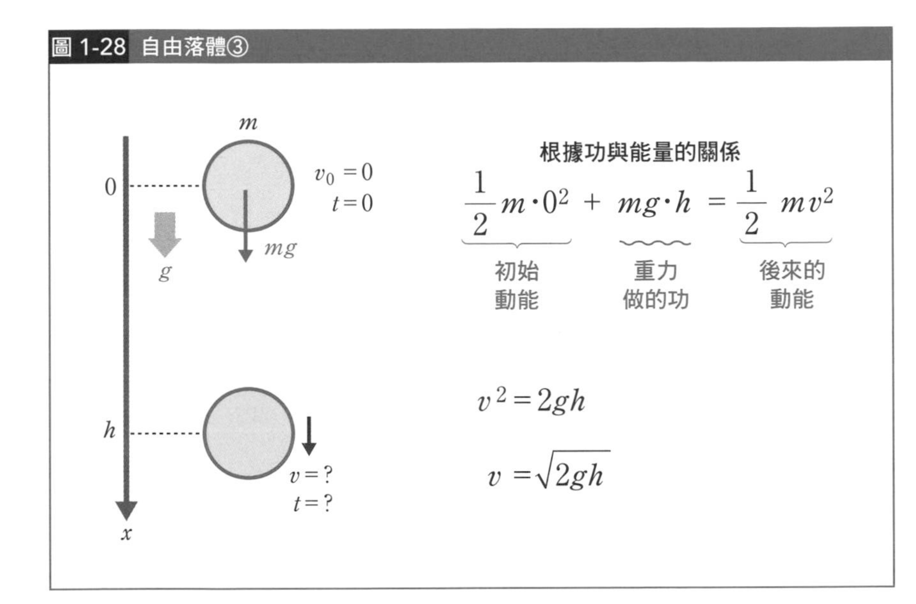

圖 1-29 自由落體④

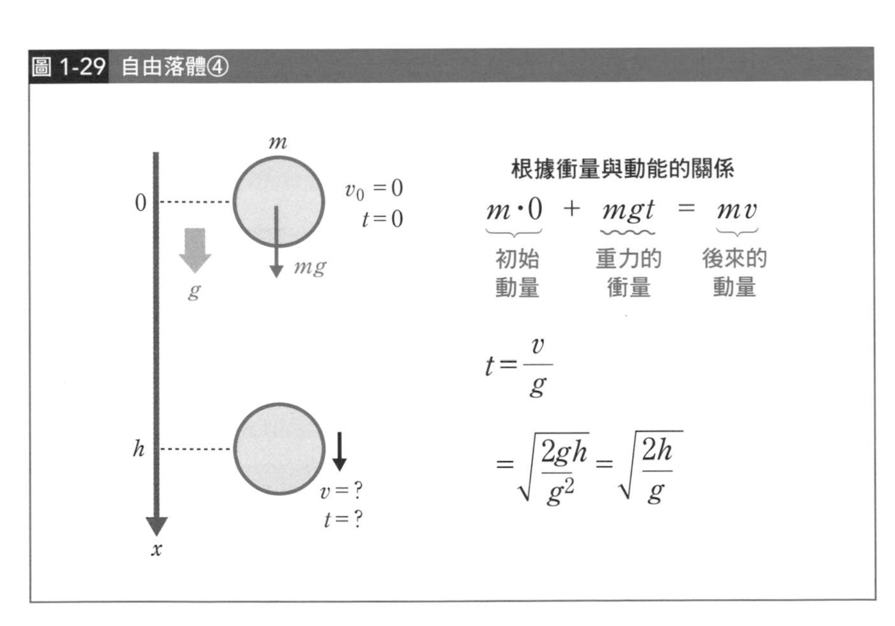

P62的圖1-26和圖1-27是用運動方程式求加速度，而P63的圖1-28和圖1-29則是**從一開始就直接連起初始位置和下落至h後的終點位置。完全不去分析中間發生了什麼**。由此可見，「功與能」和「衝量與動量」的好處，在於可以大幅簡化分析的步驟。

「古典力學」的全貌

由以上的內容，我們其實已經能夠窺見古典力學的全貌。

運動的起點永遠是運動方程式。使用運動方程式時，第一步是要找出作用在物體上的力F。然後，情況大致分成「力F固定不變」和「力F不是固定不變」2種。「力F固定不變時」的分析很簡單。因為力量不變，則加速度也不變，換言之就是等加速度運動，只要套用「等加速度運動公式」，不論何種現象都能算出完整的資訊。而且如果你只想知道等加速度運動中「2點間的資訊」，那麼用「功與能」和「衝量與動量」就夠了。

另一方面，如果「力F不是固定不變」時，因為加速度不是等加速度，所以不能套用等加速度運動公式。能用的工具只有「功與能」和「衝量與動量」。

到頭來，運動的分析就只有「看力思考」這一件事而已。

圖 1-30 力學的全貌

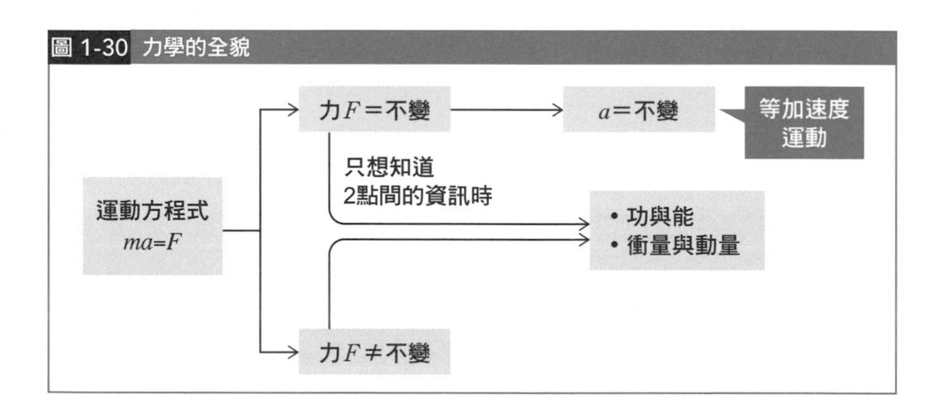

把重力的做功當成能量看待的「位能」

位能是「已確定的功」

接著來看看「位能」吧。

首先，如下圖所示，讓我們來看看3種情境下「重力的做功」。

圖 1-31 重力的做功

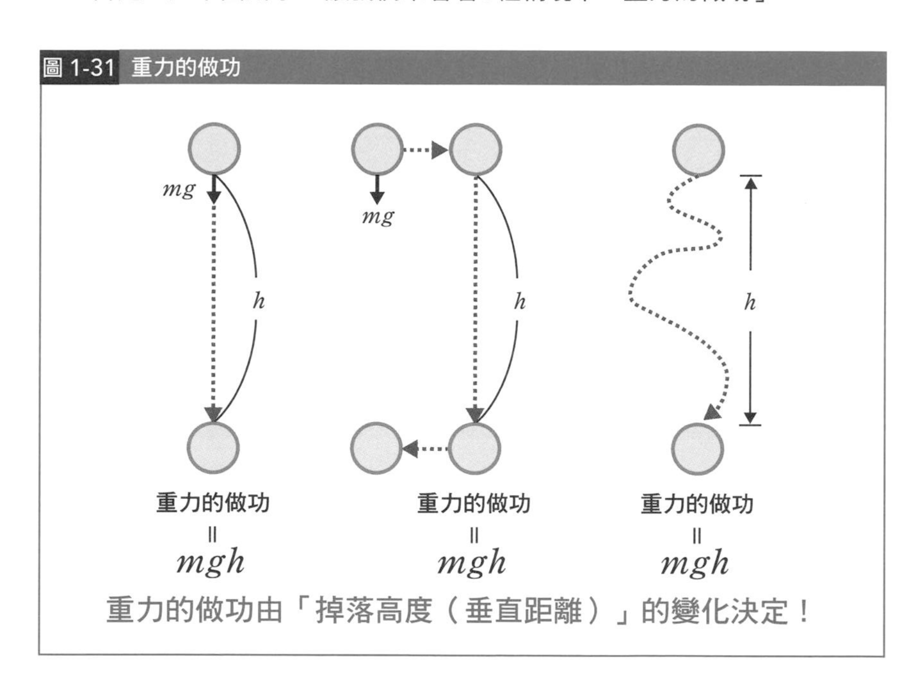

太神奇了，重力的做功在3種情境下全都等於mgh。其實，**「重力的做功」只由物體的「墜落高度（垂直距離）」決定，完全不受墜落方式影響**。不論它是用蛇行掉落也好、直線掉落也好，只要掉落高度是h，重力的做功都是「mgh」。

事實上，雖然功是由「運動的路徑」來計算的，但重力的做功只需要知道掉落高度就能算出。換言之，**「重力的做功」可以解釋成只需要知道起點到終點的高度即可算出的「已確定的功」**。

因此，把「重力的做功」像動能一樣當成「能量」處理會更加輕鬆，而由於重力的功是「由物體的位置決定」，因此被命名為**「位能」**。

圖 1-32 重力的位能

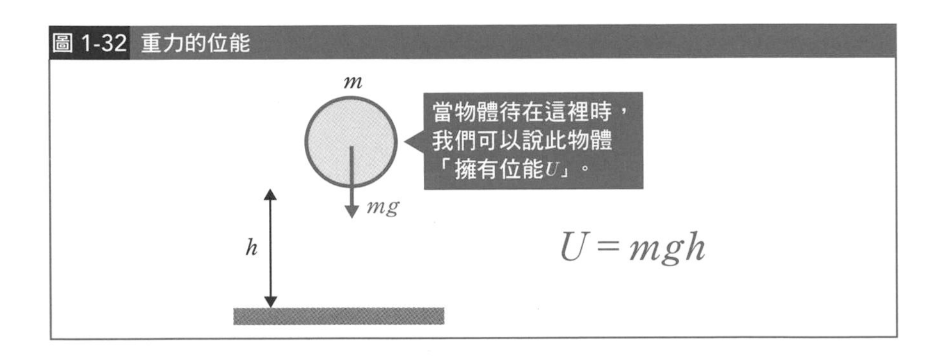

在上圖的情境中，以地面高度為基準位置時，當某個物體存在於高度h的位置時，該物體的「重力位能U」可表示成「$U=mgh$」。

使位能得以成立的力＝保守力

做功與運動方式無關，完全只由最初和最後的位置決定的力，是非常罕見的例子。而像這種可以計算位能的力稱為**「保守力」**。**「重力」是「保守力」的代表性例子。**其他像是「彈力」、「萬有引力（其實就是重力）」以及電磁學中的「庫侖力」也都是「保守力」。

另一方面，若某個力所做的功明顯會受到運動方式影響，代表不知道「物體實際如何移動」就無法計算做功，無法計算位能。這種力統稱為**「非保守力」**。

「非保守力」的代表例子為「摩擦力」。

「力學能」是動能和位能的總和

力學能是什麼？

「力學能守恆定律」的**「守恆」是指「不隨時間變化」的意思**。這個詞可在某個物理量固定不變時使用。「力學能」不是獨立於前述的「動能」和「位能」之外的新能量。**所謂的「力學能」，就是「動能和位能的總和」。**請看下圖。

下圖描述了一個高度 h_0、速度 v_0 的物體，被某個力 F 往上抬升，最後高度變成 h、速度變成 v 的運動。

圖 1-33 力學能

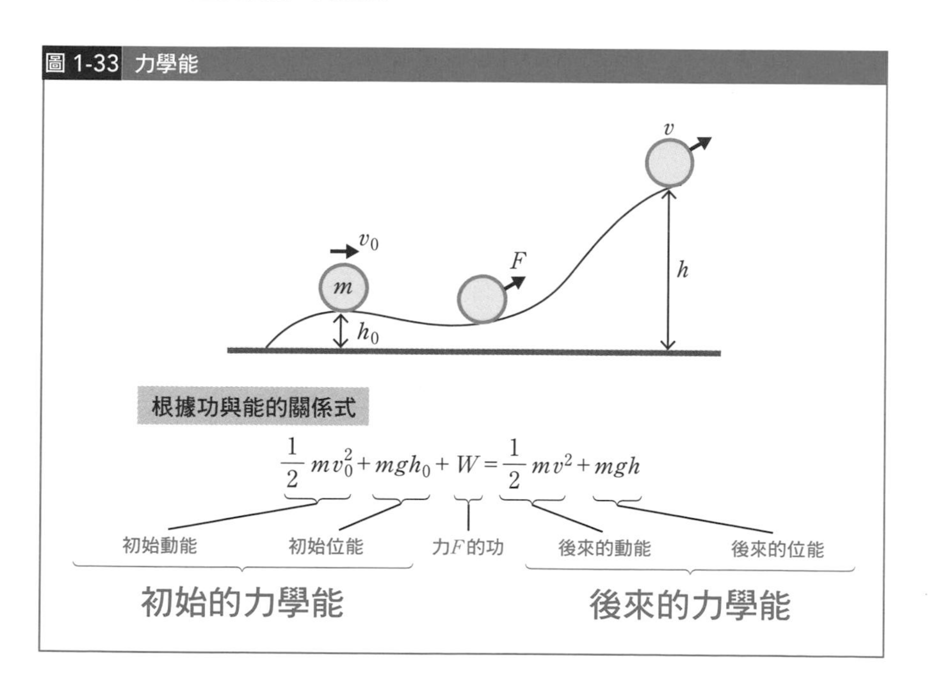

此時「功與能的關係」式如下。

$$\frac{1}{2}m{v_0}^2+mgh_0+W=\frac{1}{2}mv^2+mgh$$

如同前述，「力學能」是「動能和位能的總和」。換句話說，這個式子就是【初始的力學能】+【功 W】=【後來的力學能】的意思。因此，儘管【初始的力學能】和【後來的力學能】的值通常不相同，但唯有一種情況下【初始的力學能】會等於【後來的力學能】。那便是**【功 W】的值等於0的時候**。

換句話說，在物體移動過程中，如果作用力 F 的功 $W=0$，就會變成 $\frac{1}{2}m{v_0}^2+mgh_0=\frac{1}{2}mv^2+mgh$，【初始的力學能】=【後來的力學能】。這就稱為「力學能守恆定律」。也就是說，**「力學能守恆定律」其實是「功與能之關係」在做功等於0時的特殊狀況**。

「守恆定律」存在「適用條件」

今後，我們還會提到其他幾個「守恆定律」，而它們全部都存在「適用條件」。至於「力學能守恆定律」的「適用條件」，前面已經把答案寫出來了，那就是【功 W】的值等於0。

那麼，功在什麼情況下會等於0呢？想當然耳，只要「力 F 不存在」，做功就會等於0。但除此之外還有另一種情況，雖然有作用力存在，但功也等於0。那就是「保守力」的功。這是因為「保守力」不需要計算「功」，可以直接當成「位能」這種「能量」看待。

總結來說，「力學能守恆定律」的成立條件是不能計算「位能」的力，亦即**「非保守力的做功為0時」**。

碰撞前後的動量總和相同

碰撞理論

就如同前面提到的，透過操作運動方程式取得的資訊之一「能量」存在守恆現象。

那麼，同樣是從運動方程式算出的另一個資訊「動量」有沒有守恆現象呢？

「動量」守恆的代表性現象便是**「碰撞」**。以下就讓我們一邊看看什麼是「碰撞理論」，一邊思考「動量守恆定律」吧。

請看下圖。圖中描述了同在一直線上2個物體碰撞的情形。現在，假設左邊的物體1質量為m_1，移動速度為v_1；右邊的物體2質量為m_2，移動速度為v_2。且v_1大於v_2。

圖 1-34 2個物體的碰撞

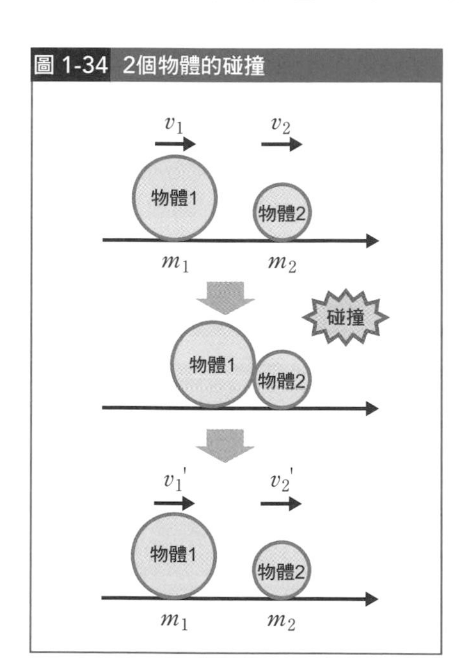

於是，隨著時間過去，物體1最終會追上並撞到物體2。碰撞後，假設物體1和2的速度分別是v_1'和v_2'。

此時，我們先寫出物體1和2的「動量原理」式。

首先是物體1，此物體的初始動量是m_1v_1，碰撞後的動量是m_1v_1'。當然初始狀態和碰撞後的動量不同，因為碰撞時物體1撞到物體2，產生了衝量。

然而，一般情況下要直接計算碰撞時的作用力數值非常困難。因此，我們先暫時假設碰撞時物體1產生的衝量大小為I。除此之外，由於這個衝量很明顯朝向左邊，因此可以確定當座標軸的右方為正時，這個衝量會是負值。

根據以上資訊，可知物體1的「動量原理」如下。

$$m_1v_1+(-I)=m_1v_1'$$

然後再用同樣的方法思考物體2。物體2最初的動量是m_2v_2，碰撞後的動量是m_2v_2'。

在碰撞瞬間，根據「作用力與反作用力定律」，物體2上產生的力就是物體2對物體1之作用力的反作用力，所以物體2上產生的衝量大小跟物體2給予物體1的衝量（$-I$）方向相反、大小相同，即（$+I$）。因此，物體2的「動量原理」是$m_2v_2+I=m_2v_2'$。

那麼，這裡我們試著把物體1和物體2的「動量原理」式相加看看吧。運算結果如下。

圖 1-35 動量守恆定律的計算

可消去衝量！

$$\begin{array}{rl} & m_1v_1+(-I)=m_1v_1' \\ +) & m_2v_2+I=m_2v_2' \\ \hline & m_1v_1+m_2v_2=m_1v_1'+m_2v_2' \end{array}$$

兩者作用力產生的衝量剛好能互相抵消，最後會變成下面的等式。

$$m_1v_1+m_2v_2=m_1v_1'+m_2v_2'$$

仔細觀察此式，其實就是【碰撞前的動量總和】＝【碰撞後的動量總和】。沒錯，碰撞前後的動量總和不會改變。換言之，動量是守恆的。因此，上面的式子又稱為**「動量守恆定律」**。

「動量守恆定律」的「適用條件」

一如在「力學能守恆定律」中說過的，「〇〇守恆定律」不是任何時候都能使用，存在特定的適用條件。

那麼「動量守恆定律」的適用條件是什麼呢？想知道答案，**只要回頭看看$m_1v_1+m_2v_2=m_1v_1'+m_2v_2'$的推導過程**就明白了。

前面是把物體1和2的動量原理$m_1v_1+(-I)=m_1v_1'$和$m_2v_2+I=m_2v_2'$兩式相加，才得到$m_1v_1+m_2v_2=m_1v_1'+m_2v_2'$。因為2個物體的衝量剛好大小相同、方向相反，所以才能消去衝量I這項。這就是條件。如果衝量可以抵消，那$m_1v_1+m_2v_2=m_1v_1'+m_2v_2'$就能夠成立。

那麼，為什麼在這個碰撞中，衝量會剛好方向相反又大小相同呢？這是因為碰撞時的作用力遵循「作用力與反作用力定律」。當物體1對物體2施力時，物體2也會給予物體1大小相同而方向相反的力。這種相互作用的力稱為作**「內力」**。亦即只屬於物體1和物體2這兩者組成的系統內部的力。它是物體1和物體2兩者彼此產生的力，跟外部的事物沒有任何關係。

換言之，我們可以這麼總結：**動量守恆定律的適用條件是「整個情境中只有內力作用時」**。

而碰撞現象，就是只有內力相互作用的代表性現象。

用碰撞前後的相對速度差求「恢復係數」

恢復係數的定義

在「碰撞」中，除了「動量守恆定律」之外，還常常使用另一種稱為**「恢復係數」**的物理量。下圖是前述的動量守恆定律中也看過的2個物體的碰撞現象。

圖 1-36 2個物體的碰撞

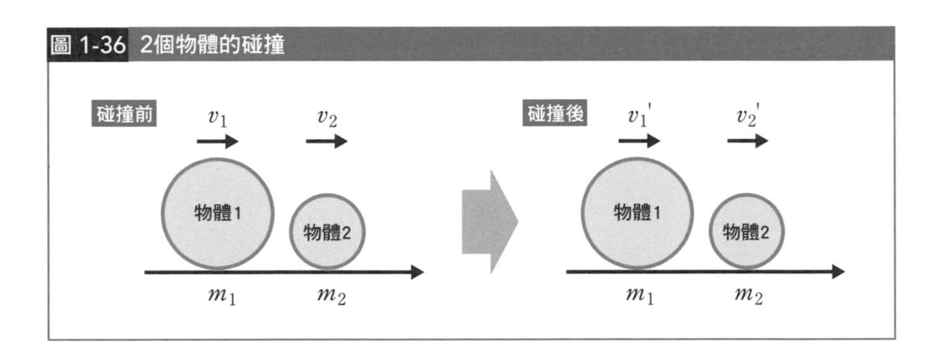

使用碰撞前後的速度，我們將恢復係數e定義為：

$$e=-\frac{v_1'-v_2'}{v_1-v_2}$$

若把「碰撞」這種現象當成「物體2看到的物體1的相對運動」，那麼這個定義式的意義其實意外地簡單。把「自己」放到物體2上所觀測到的物體1運動，是「物體1逐漸靠近自己（物體2），並在撞到自己後又漸漸遠離」。此時，物體1接近物體2時的相對速度是v_1-v_2，碰撞後遠離時的相對速度是$v_1'-v_2'$。換言之，**「恢復係數」就是將「靠近速度」和「遠離速度」數**

值化。因為$e=-\frac{v_1'-v_2'}{v_1-v_2}$這個定義式可以變形成$v_1'-v_2'=-e(v_1-v_2)$。

等號左邊的$v_1'-v_2'$是碰撞後的相對速度。

因此，這個數學式直接翻譯成中文就是**「碰撞後的相對速度$v_1'-v_2'$，大小是碰撞前的相對速度v_1-v_2的e倍，且方向相反」**。

圖 1-37 恢復係數的意義

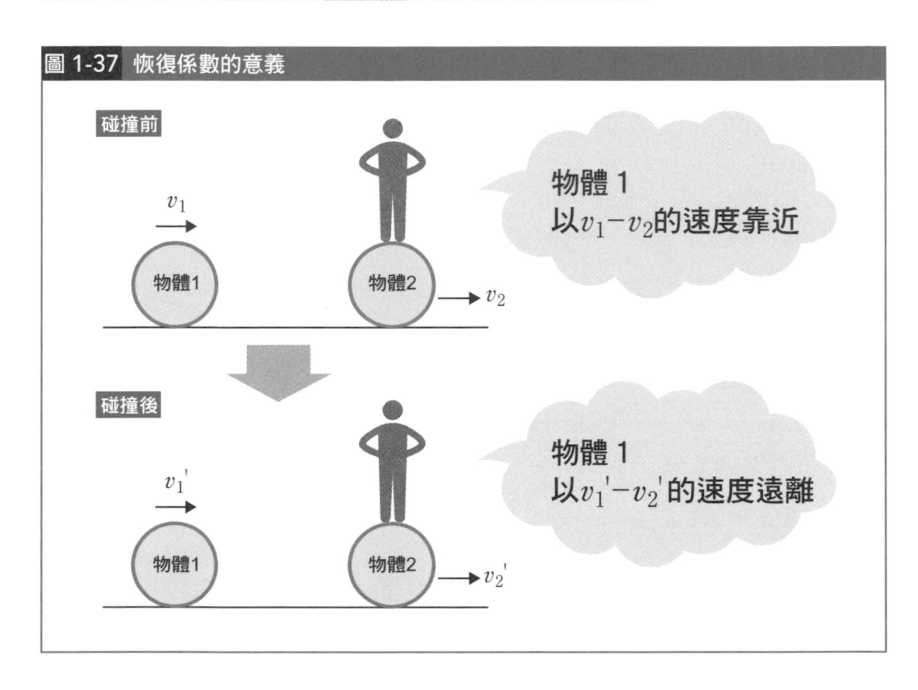

上面我們定義了碰撞中的恢復係數，而碰撞現象又可以依照恢復係數e的值分成3大類。

①（完全）彈性碰撞…$e=1$

②非彈性碰撞…$0<e<1$

③完全非彈性碰撞…$e=0$

在各項球類運動中，特別是官方舉辦的比賽，都會規定「競技用球可用的恢復係數」條件。

等速之圓周運動的速率和角速度關係

用相同「速度」繞轉

接下來要思考的不是「直線上的運動」，而是**「圓周運動」**。

一如其名，「圓周運動」即是運動軌道被限制在「圓」上的運動。

那麼，本節我們先講解最簡單的圓周運動，即**「等速圓周運動」**。

等速圓周運動就是以固定「速度」移動的圓周運動。下面先介紹幾個這種等速圓周運動特有的物理量。

圖 1-38 圓周運動

角速度＝1秒鐘內繞了多少角度

週期＝繞行1圈所花的時間。週期 $T=3$[s]，就是「3秒繞1圈」的意思

頻率＝1秒鐘可繞行的圈數。頻率和週期是倒數關係

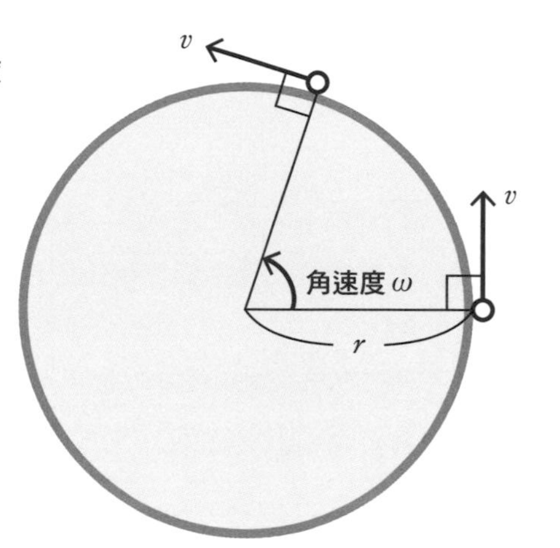

①角速度ω[rad/s]

觀察物體的運動時，我們會把焦點放在「速度」上。想當然耳，圓周運動也要處理速度，而在「等速圓周運動」中，我們要引進**「角速度」**這個獨特的物理量。角速度的定義是**「每單位時間（1[s]）內的角度變化」**。換言之，就是「1秒鐘內繞了多少角度」。你可以把它理解成用來表示「角度」速度的物理量。既然是1秒鐘所繞的角度，因此**這個值愈大，就代表物體繞得愈快**。

②週期T[s]

接著是**「週期」**這個物理量。它的定義是**「繞轉1圈所花的時間」**。亦即「沿著圓周跑完1圈的時間」，簡稱「週期」。因為是時間，單位當然就是[s]。

③頻率f[Hz]

「頻率」是**「1秒鐘內可以繞轉的圈數」**。雖然單位寫成[次/s]應該更好理解，但頻率的常用單位卻是[Hz（赫茲）]。週期T和頻率f有個很有趣的關係。假如週期T是3[s]，就代表「繞行1圈需要花3秒」。

那麼，1秒鐘可以繞行幾圈呢？「繞1圈花3秒」，反過來說就是「1秒鐘只能繞$\frac{1}{3}$圈」。

而這個$\frac{1}{3}$正是頻率f。因為頻率的定義是「1秒鐘能繞幾圈」。因此，**週期和頻率永遠是「倒數」關係，即$T=\frac{1}{f}$**。

「速度v」和「角速度ω」的關係

那麼，速度v和角速度ω又是何種關係呢？

請再看一遍剛剛的圓周運動。在圓周運動（以及其他所有種類的運動）中，速度的方向永遠是運動軌道的切線。此時，讓我們試著用角速度ω

圖 1-39 速度v和角速度ω的關係式

$$T = \frac{2\pi}{\omega} = \frac{2\pi r}{v}$$

由這兩式可得

$$v = r\omega$$

（和速度v）來表示週期T。

所謂的週期即是「繞1圈的時間」，那麼沿著圓繞1圈的角度是多少呢？答案當然是360°，也就是2π[rad]。所以週期T用角速度ω來表示便是$T = \frac{2\pi}{\omega}$。

那麼，如果用速度v來表示週期T呢？速度是「1秒鐘可移動的距離」。沿著圓繞1圈，物體的移動距離就等於圓周長。而假設圓的半徑為r，圓周長就是$2\pi r$。換言之，週期$T = \frac{2\pi r}{v}$。

現在，我們用了2種方式來表達同一個週期T，即$T = \frac{2\pi}{\omega}$和$T = \frac{2\pi r}{v}$。比較這2個式子後，可以發現速度v和角速度ω間存在$v = r\omega$的關係。

「等速圓周運動」的加速度

如此一來就掌握了速度的關係，接著再來想想看加速度。

在此之前，先深入思考一下，物體究竟為什麼會做「圓周運動」。這裡我們用田徑的擲鉛球當例子。假設有位鉛球選手站在田徑場中央，當他轉動自己的身體，透過繩索旋轉連接在繩索末端的鉛球時，鉛球所受到的作用力是什麼樣子呢？作用在鉛球上的「接觸力」，是來自繩索的張力。這個張力永遠指向旋轉中心。

其實一個物體要做「圓周運動」，就一定要有「指向圓心的力」存在。而這種「指向圓心的力」就簡稱為**「向心力」**。圓周運動的圓心必然存在作用力。而有作用力就有加速度，所以此時也應該有個指向圓心的加速度（**向心加速度**）。

關於牛頓發現的萬有引力，本書後面會再詳述。我們常常聽到「牛頓看到蘋果從樹上落下，於是發現了萬有引力」這則故事。其實這則故事很有可能是虛構的。

牛頓絕對不是只看到蘋果掉落，就注意到了萬有引力。而是在思考「為什麼蘋果會掉到地上，月亮卻不會掉下來，而是一直繞著地球轉呢？」這個問題後，開始研究月球的運動，接著才發現了一件事——其實月球也跟蘋果一樣不斷在朝地球「掉落」。請看下面的圖。

圖 1-40　月球也受到萬有引力作用

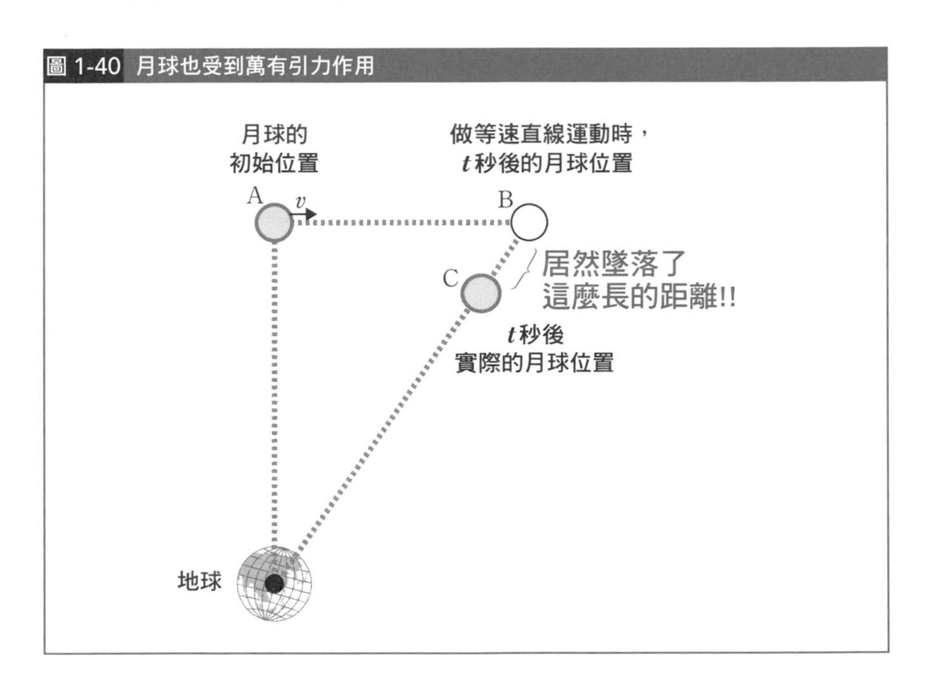

現在，假設從地球的角度來看，月球在A的位置。

當然，速度指向圓的切線方向。

那麼，如果月球身上沒有任何作用力，此時月球會怎麼移動呢？由於「沒有作用力」⇒「沒有加速度」⇒「速度不會變化」⇒「做等速直線運動」，所以若沒有任何作用力，月球應該會移動到B的位置。

然而，現實是月球會繞著地球轉，跑到C的位置。於是牛頓推測，確實有個指向地球的作用力在拉動月球，使月球從B點「掉落」到了C點。而這股力就稱為萬有引力。

那麼，讓我們根據以上考察，用數學式來計算加速度吧。

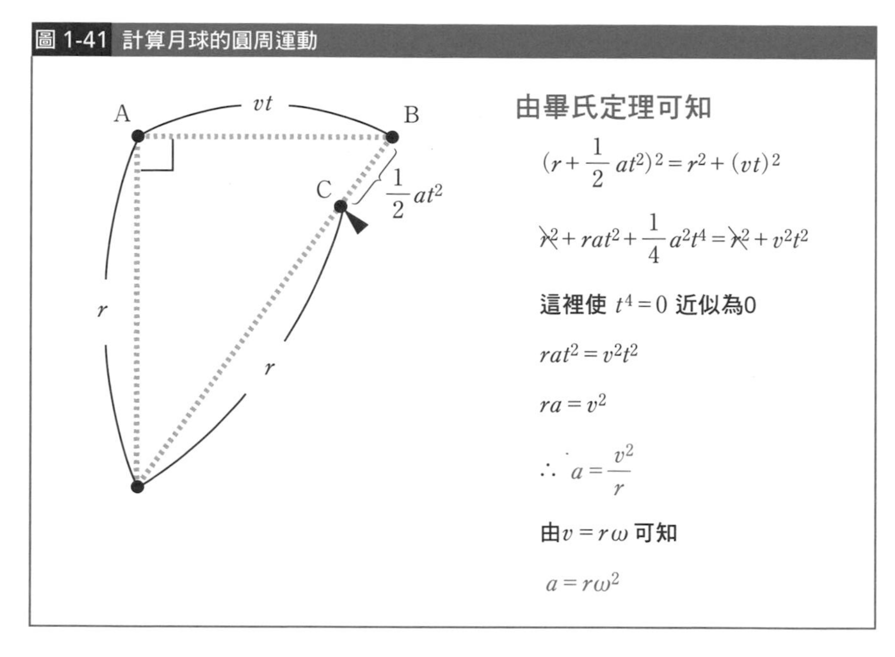

圖 1-41 計算月球的圓周運動

如上圖所示，加速度也可以用v或ω來表達，即$a=\frac{v^2}{r}$或者$a=r\omega^2$。一般來說，如果不先找到「力」就無法確定加速度，所以這可以說是非常驚人的發現。因為在「圓周運動」中，即使不找出作用力，也可以用數學式來計算加速度。

加速度被限制的圓周運動的運動方程式

具固定形式的運動方程式

我們在前面推導出在等速圓周運動中，加速度是$a=\dfrac{v^2}{r}$或$a=r\omega^2$。

換言之，在「只能按照固定軌道運動」、限制性強的圓周運動中，加速度也是被限制的。因此，它的運動方程式也會具有固定的形式。

物體做圓周運動時，作用力F是指向圓心的「向心力」，產生的加速度a也會是指向圓心方向的「向心加速度」，而此時的運動方程式也稱為**「向心運動方程式」**。

圖 1-42 計算向心運動方程式

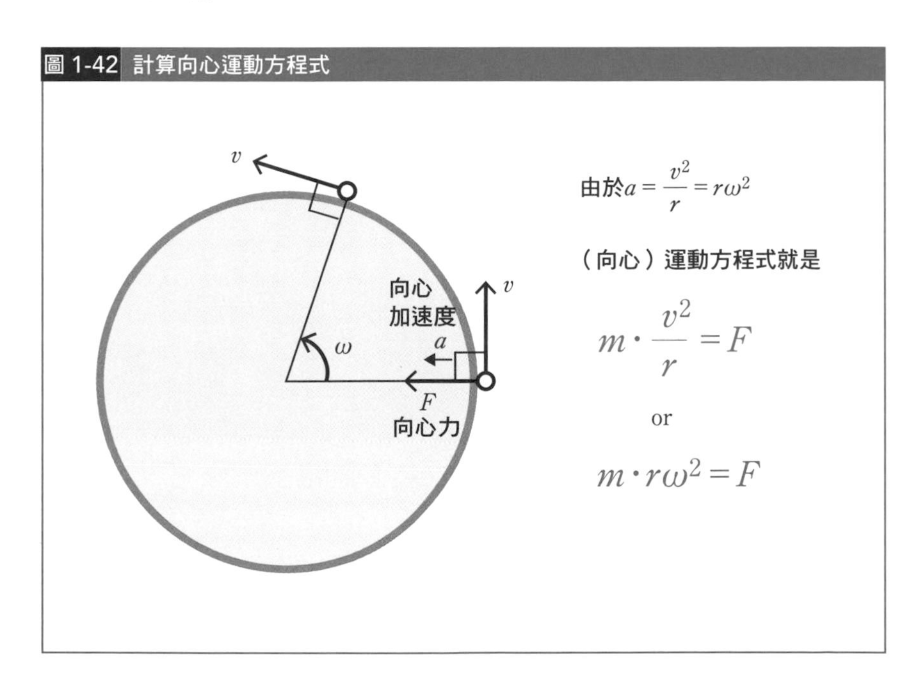

「向心力」和「離心力」是不同種力

「離心力」就是「慣性力」

在描述圓周運動時，也常常用到「**離心力**」這個詞。

一般情況下，我想比起「向心力」這個詞，大家或許更常聽到「離心力」。

不過，在處理離心力時必須注意一件事。

那就是，**離心力是只有「跟著物體一起繞轉的人」才能感受到的力**。換言之，**離心力就是「慣性力」**。

請看右頁的圖。

在圖中，跟物體一起繞轉的人應該會感覺「在自己腳下的物體始終靜止不動」。換言之，即是「靜力平衡」的狀態。

請把靜力平衡算式中的$m\frac{v^2}{r}$或$mr\omega^2$理解為慣性力。

請注意它雖然跟方才所說的「向心運動方程式」形式相同，但翻譯成中文後內容完全不一樣。

圖 1-43 離心力

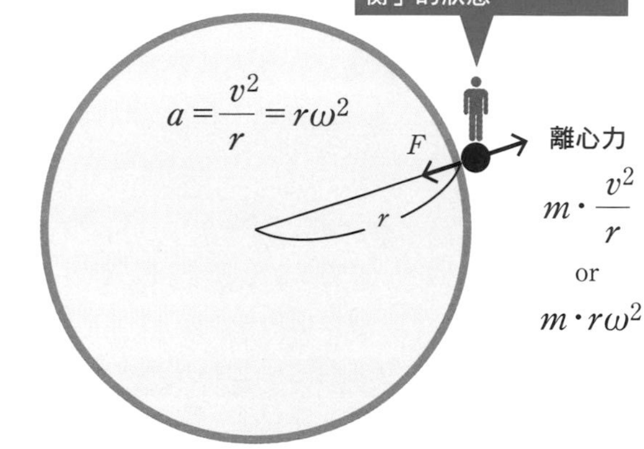

因此

$$F=m\frac{v^2}{r}$$

靜力平衡式

必然變成簡諧運動的加速度型態

簡諧運動是「簡單的振動」

從本節起要介紹的是力學中的重要現象**「簡諧運動」**。

所謂的簡諧運動，是指物體有規律來回往復的現象。

最簡單的例子，便是「黏在彈簧上的小球的運動」以及單擺時鐘的「鐘擺」等等。

簡諧運動是最簡單、單純的振動形式。因為是很簡單又有規律的振動，所以稱為「簡諧運動」。

圖 1-44 簡諧運動

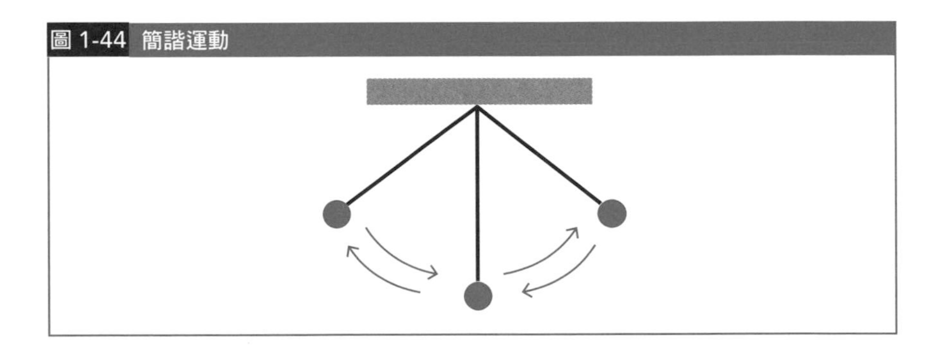

等速圓周運動的「正射影」

首先要確定「簡諧運動」的定義。

簡諧運動的定義如下。

簡諧運動＝等速圓周運動在同一平面之直線上的正射影的往復運動

請看下圖。下圖畫的是某個半徑A、角速度ω的等速圓周運動。

如果我們在做圓周運動的物體右邊放一個投影銀幕，左邊放一個手電筒，將這個等速圓周運動的物體影子投射在銀幕上，請問這個影子會做什麼樣的運動呢？銀幕上的影子應該會在一條直線上來來回回。這就是「簡諧運動」。另外，此時的A稱為**「振幅」**。順帶一提，用光照射某物體並觀察其投影運動的行為稱為「取正射影」。換言之，「簡諧運動」其實就是「等速圓周運動的影子」。

①關於位置的變化（位移）

接著來思考等速圓周運動的正射影。首先，假設物體一開始在「初始」位置上。接著，物體開始做等速圓周運動，在t秒後移動到「現在」的位置上。在名為x軸的銀幕上，將能看見如下圖的投影運動。假設影子的「初始」位置是x_0，「現在」位置是x。

圖 1-45 簡諧運動的位置

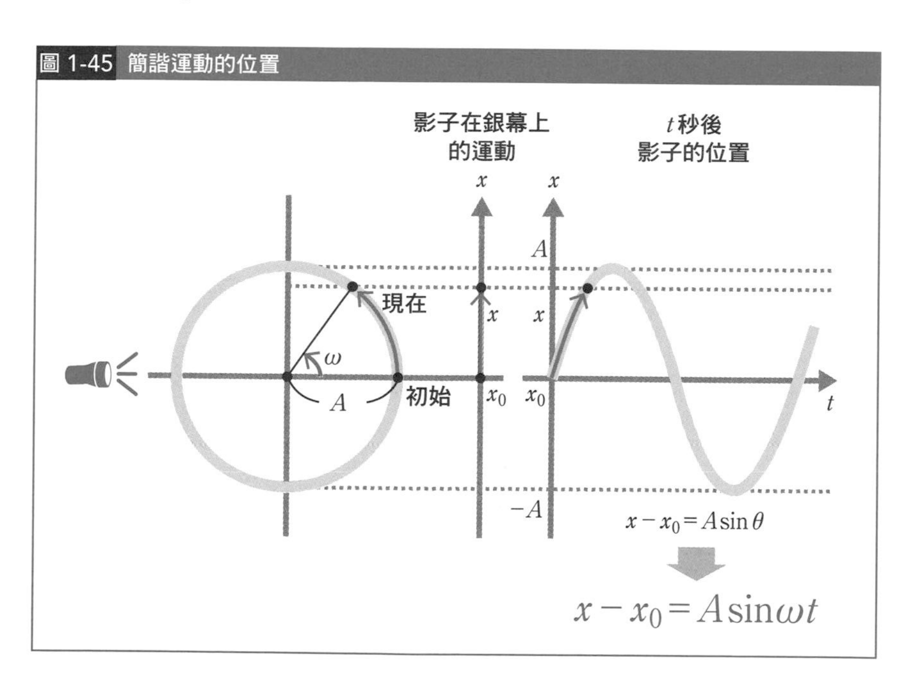

這個影子會隨著時間變化在x軸上來來回回。

若是觀察時間變化可知，影子首先會從x_0往上走，走到半徑（振幅）A的位置，接著又回頭往下走。然後通過x_0，往下來到$-A$後，又再次掉頭往上走，出現這樣的振動現象。而這正好是三角函數sin的圖形。換言之，影子從初始位置x_0開始的位置變化可以表示成$x-x_0=A\sin\theta$這個數學式。

因為這裡的θ可以換成ωt，所以最終會得到$x-x_0=A\sin\omega t$（由於ω是1秒鐘前進的角度，故要計算t秒間前進多少角度只需乘以t倍）。

②關於速度

接著再來看看速度吧。做圓周運動之物體帶有指向切線方向的速度v。由於半徑為A、角速度為ω，所以就是$v=A\omega$。然後，簡諧運動的速度也如下圖所示，看起來即是等速圓周運動之速度的正射影。

圖 1-46 簡諧運動的速度

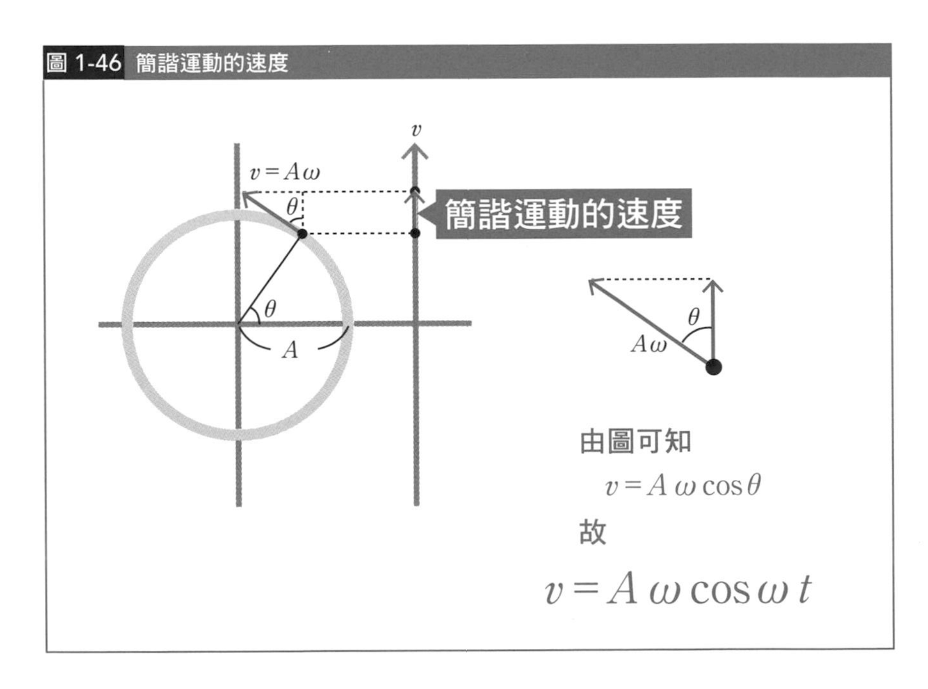

③關於加速度

跟速度一樣，加速度也是等速圓周運動加速度的正射影。

一如前述，等速圓周運動的加速度，方向永遠朝向圓心。

因此，它的正射影可以用下圖的方式思考。請確實想清楚方向，然後加上－（負號）。

圖 1-47 簡諧運動的加速度

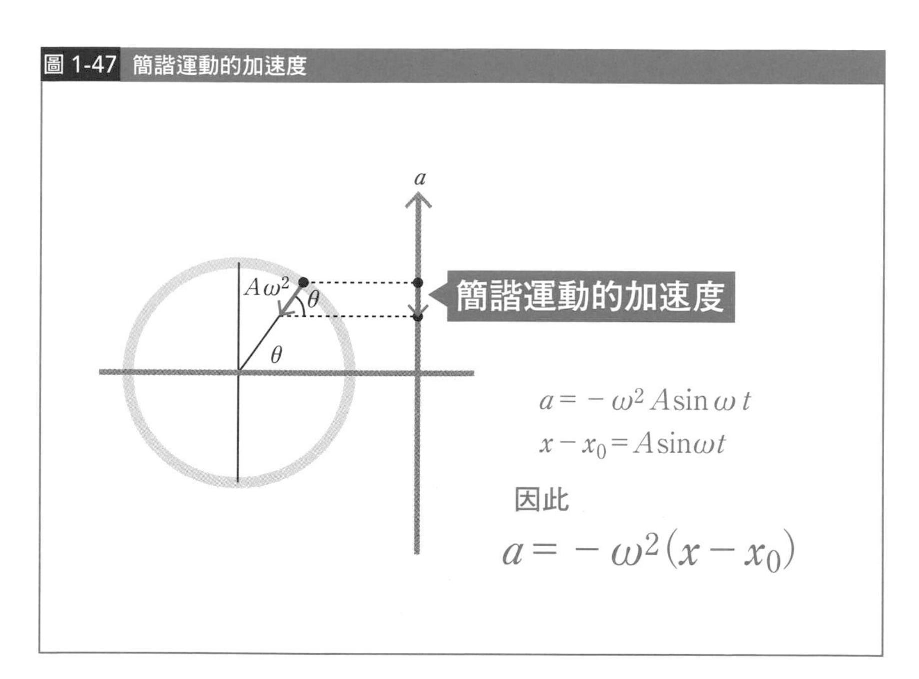

這個式子中加入了前面提過的位移式。

根據上述，用數學式表達加速度時的最終表現為$a = -\omega^2 (x - x_0)$。這個等式是簡諧運動中最重要的算式。

如同在等速圓周運動中說過的，物體要做「規律運動」，加速度一定會有限制條件。不會是隨便任意的形式。而當加速度是$a = -$●（$x -$■）的形式時，該物體100%是做簡諧運動。

簡諧運動的代表例——水平彈簧振子

簡諧運動的代表例

本節來分析看看「簡諧運動」的代表例「水平彈簧振子」吧。

如下圖所示，將彈簧的一端固定在牆上，另一端連結一個物體。

現在把物體往牆的反方向拉，將彈簧從自由長度拉長x，再輕輕放手，請問此時這個物體會做何種運動呢？

圖 1-48 水平彈簧振子

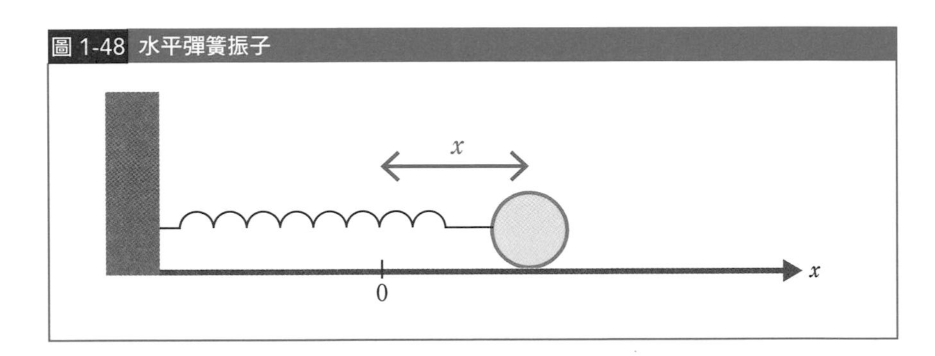

物體上的水平作用力，根據虎克定律，方向會試圖使彈簧返回自由長度，而大小等於kx（k為彈性常數）。

因此，此物體的運動方程式如右圖。

由上，可知物體產生的加速度如下。

$$a=-\frac{k}{m}x$$

這個結果完全跟$a=-\omega^2(x-x_0)$，亦即前面提過的簡諧運動的加速度形式$a=-$●（$x-$■）相同。

圖 1-49　水平彈簧振子的運動方程式

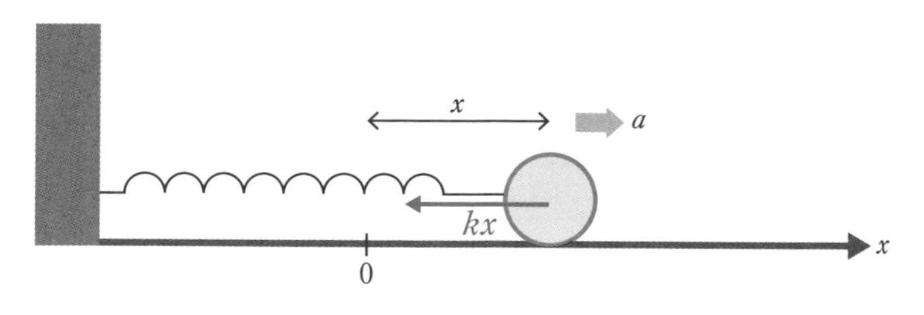

根據運動方程式

$$ma = -kx$$

$$\therefore a = -\frac{k}{m}x$$

結果變成了
簡諧運動的加速度形式
$a=-$●$(x-$■$)$

此時的角速度 ω 是 $\omega = \sqrt{\dfrac{k}{m}}$，$x_0 = 0$。$x_0 = 0$ 代表伸縮長度是0，亦即振動的中心是振子在彈簧處於自由長度時的位置。

另外，此時的振動週期 T 又是如何呢？

前面我們介紹過等速圓周運動的週期是 $T = \dfrac{2\pi}{\omega}$。

現在，由於 $\omega = \sqrt{\dfrac{k}{m}}$，故週期可表示成 $T = 2\pi\sqrt{\dfrac{m}{k}}$。

有質量的物體之間必然存在引力作用

牛頓的重力理論

在牛頓之前的時代，人們相信地上的世界跟天上的世界是完全不一樣的世界，而月亮則是分開這2個世界的邊界。然而，**牛頓卻認為地球上的運動和宇宙中的星體運動，全都可以用同一套物理法則來解釋**。

我們在「等速圓周運動」一節稍微介紹過，牛頓是從「為什麼月亮不會掉下來」的疑問中，發現月亮和地球其實是會互相吸引的。而且，**他認為使兩者互相吸引的引力，並非「只作用在月球和地球之間」，反而存在於這世界的所有物體上，是種「萬物皆有的引力」，故將其命名為「萬有引力」**。

牛頓用了下面的數學式來表現萬有引力。

$$F = G\frac{Mm}{R^2}$$

這個式子稱為**「萬有引力定律」**。萬有引力跟兩物體的質量積（相乘）成正比，跟兩物體的距離R平方成反比。此外，還要再乘上比例常數G（俗稱萬有引力常數或重力常數）。

如果認同這世上確實存在一種可以用上面數學式表現的力，我們周遭的許多現象就能得到合理的解釋。在各種被稱為「公式」的數學式中，有一些是沒有辦法被推導出來的。比如運動方程式就是最具代表性的例子。

牛頓只不過是用數學表達了自己內心想到的理論。他認為，只要是有質量的物體，就必定存在萬有引力。現在正閱讀這本書的各位也同樣受到萬有引力的作用。然而，我們卻感覺不到萬有引力。這是因為萬有引力常數G的數值是6.67×10^{-11}[Nm^2/kg^2]，是個非常非常小的常數。如果一個人能夠親身感受到萬有引力的作用，那麼另一方至少得是質量為天體等級的物體。

我們日常生活中可以切身感受到的萬有引力，只有我們和地球之間的萬有引力，也就是「重力」。「重力」和「萬有引力」非常相近，基本上可以當成同一種東西。

圖 1-50 萬有引力

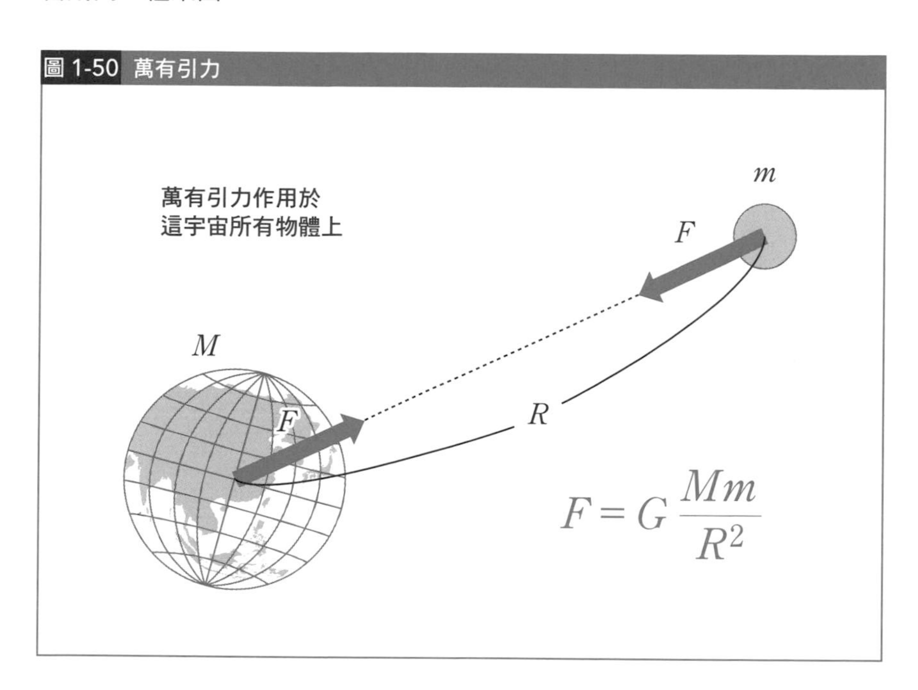

重力加速度g的真面目

我們來看看作用在地球物體上的萬有引力吧。

首先，如同前面所說的，作用於物體上的萬有引力是$F = G\dfrac{Mm}{R^2}$。這裡我們先只看質量m以外的部分。可以發現，由於G是萬有引力常數，而M和R分別是地球的質量和物體到地球中心的距離，所以這三者實質上可以當成常數處理。

換言之，$G\dfrac{M}{R^2}$的部分也可以看成一個單獨的常數。

其實，這個常數就是我們平常說的重力加速度g。

圖 1-51 重力加速度g的真面目

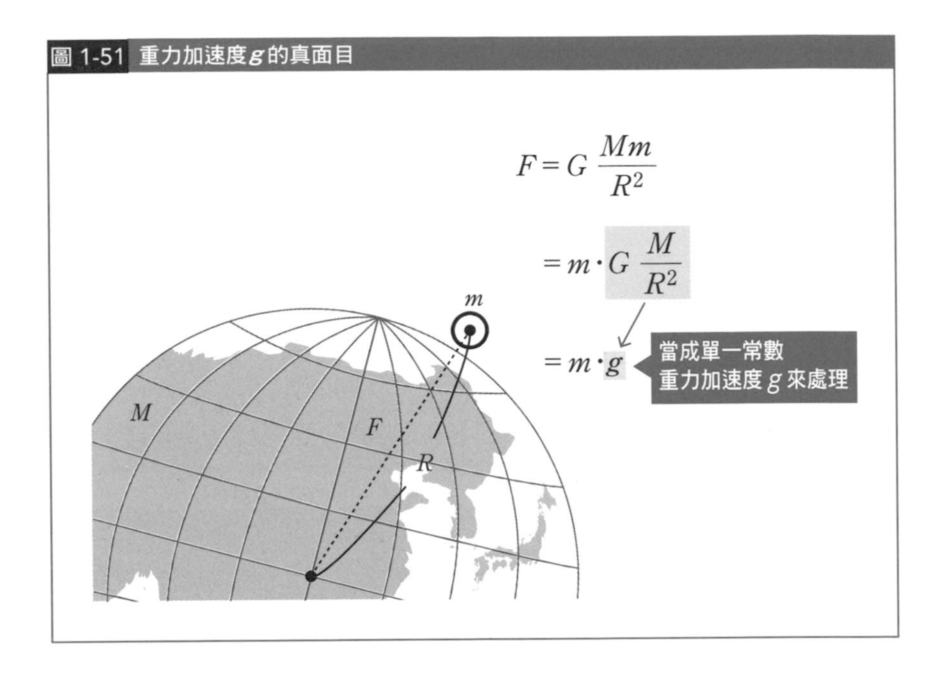

是因為這個緣故，我們才把作用在地球上物體的重力寫成mg。

地球的質量

明白重力加速度g的真面目其實是$g = G\dfrac{M}{R^2}$後，你就可以粗略算出地球的質量。

當然，我們不可能把地球放在天秤上測量。但是只要知道$g = G\dfrac{M}{R^2}$這個式子中，除了地球質量M以外的值，就可以反推出M的大小。

首先，重力加速度g大約是$g = 9.8$ [m/s^2]。

然後，萬有引力常數如前面所述，是$G = 6.67 \times 10^{-11}$ [Nm^2/kg^2]；而根據實驗和測量，科學家知道地球的半徑大約是6400km，即6.4×10^6m。

由於我們沒有要求出精確的數值，所以直接把g概算為10，G則概算為7×10^{-11}，R概算為6×10^6來計算即可。

而具體計算如右頁圖。

圖 1-52 計算地球質量的運算式

重力加速度 由於 $g = \frac{GM}{R^2}$

地球的質量 $M = \frac{gR^2}{G}$

$$\fallingdotseq \frac{10 \cdot (6 \times 10^6)^2}{7 \times 10^{-11}}$$

$$\fallingdotseq 5 \times 10^{24} [\mathrm{kg}]$$

經過上面的計算得知，地球的質量大約是5×10^{24}[kg]，質量非常非常大。

雖然更精確的數字其實是5.97×10^{24}[kg]，但這個結果也相當接近了。

如何計算萬有引力的位能

萬有引力也有「保守力」

如同前一節所述，重力mg可以定義出位能mgh。雖然萬有引力也可以定義位能，但由於萬有引力不是固定不變的，所以要導出公式會需要用到積分。當地球上存在一質量m的物體時，假設mg不變，該物體下落h距離時的功為$mg\times h$，則可定義出該物體的位能為mgh。但萬有引力卻不能這麼計算。這裡我們只列出證明。證明過程比較困難，看不懂可以跳過沒關係。總而言之，只需記住萬有引力的位能是$U=-G\dfrac{Mm}{R}$就可以了。

圖 1-53 萬有引力的位能

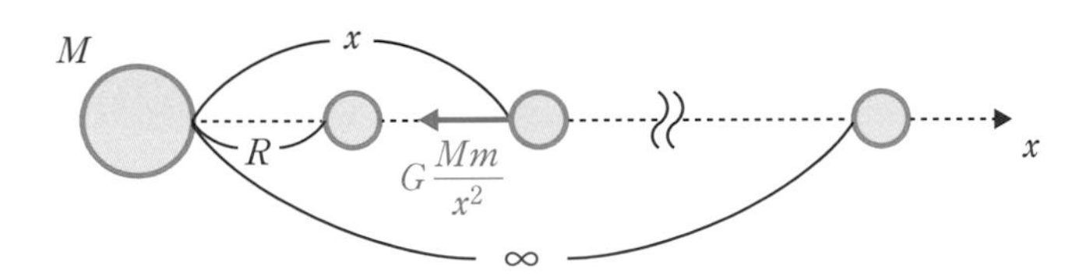

使物體從位置R移動到∞所做的功是

$$\int_R^{\infty}\left(-G\frac{Mm}{x^2}\right)dx=\left[G\frac{Mm}{x}\right]_R^{\infty}=\left(G\frac{Mm}{\infty}\right)-\left(G\frac{Mm}{R}\right)$$

$$=-G\frac{Mm}{R}$$

投球的速度要多快才能繞地球1圈？

大約能繞地球1圈的速度＝「第1宇宙速度」

理所當然地，把一顆球往正前方投出，球在飛行一段距離後絕對會落地。無論球速再快的投手，投出去的球也絕對會落地。

然而，地球本身是一個球形。

換句話說，如果投球的速度夠快，理論上應該就能完全不落地，讓球繞著地球飛1圈，然後回到原本的地點才對。

當物體快到能繞地球1圈時，此時這個物體的速度就稱為**「第1宇宙速度」**。

圖 1-54 第1宇宙速度的概念

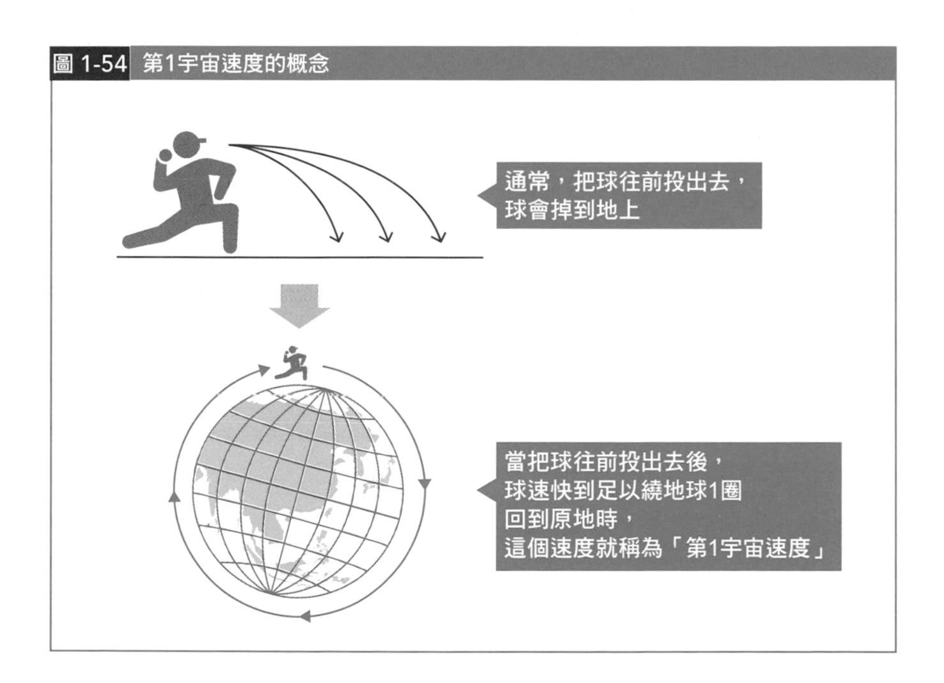

那麼，到底要多快才能繞地球飛1圈呢？請看下圖。

圖 1-55 第1宇宙速度的計算方法

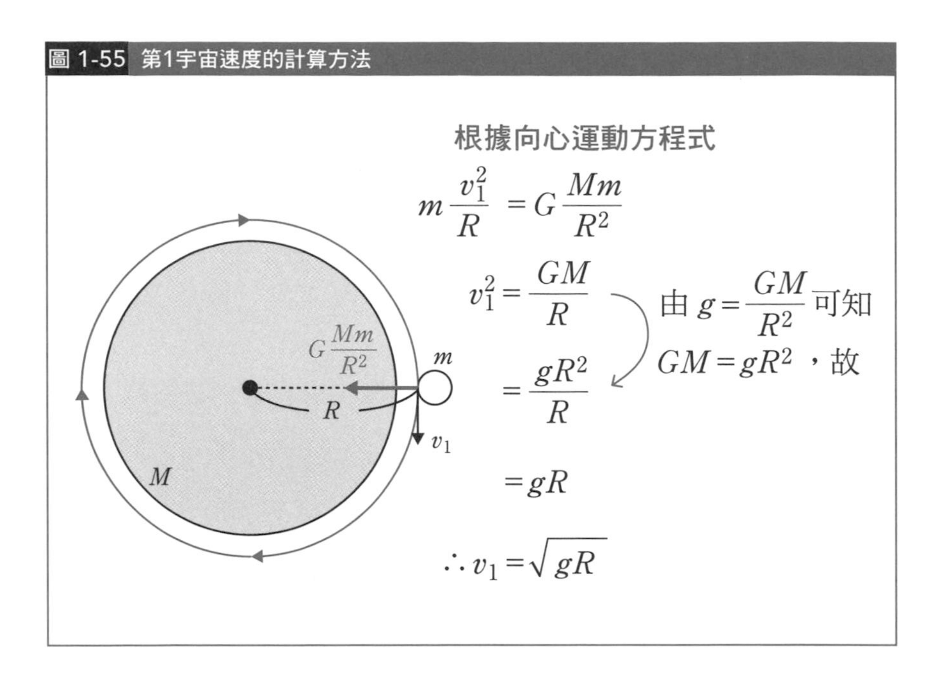

由以上的計算結果可知，第1宇宙速度 $v_1 = 7.9 \times 10^3$[m/s]。

換句話說，就是時速2萬8千公里左右。

當然，這世上沒有人能投出這麼快的球，所以只要是由人類投出的球必定會在幾秒後落地。順帶一提，地球同步衛星的開發就用到了第1宇宙速度的概念。

逃離地球的速度＝「第2宇宙速度」

往正上方丟球，球不久後就會掉下來。而投出的球速度愈快，球到達頂點後往下掉的高度也愈高。

那麼，假如用非常快的速度投球，理論上這顆球應該可以從地球飛到太空去，甚至一直飛到宇宙的遙遠彼端才對。

而這個足以使物體逃離地球重力圈的速度，就稱為**「第2宇宙速度」**或者**「脫離速度」**。

如下圖所示，當一個物體從地球起飛，然後一路飛向無垠宇宙時，我們可以利用能量守恆定律計算「第2宇宙速度」。

圖 1-56 第2宇宙速度的計算方法

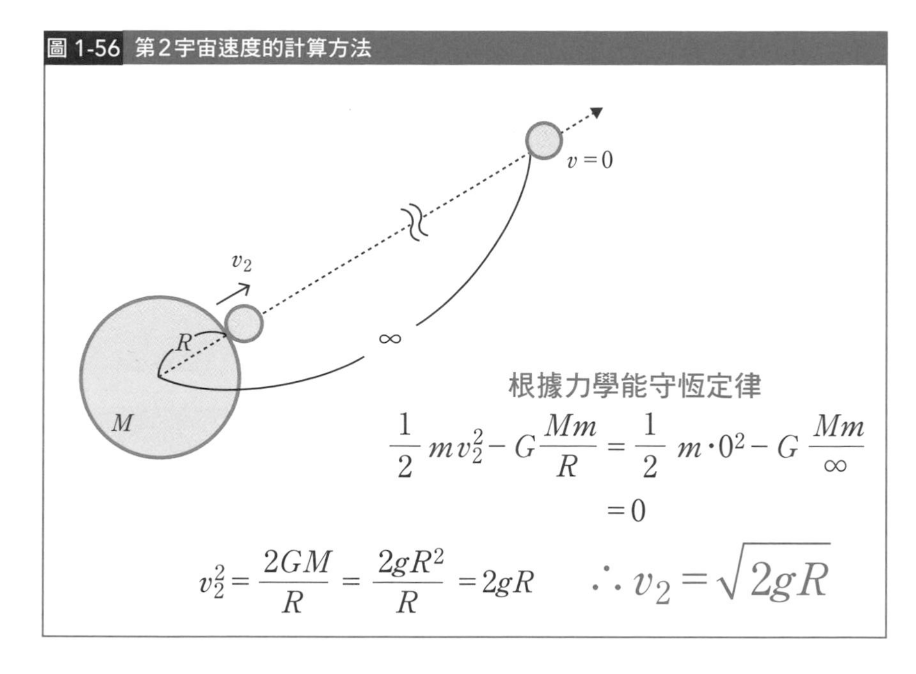

由上可知，「第2宇宙速度 v_2」是 $v_2 = \sqrt{2gR}$。也就是「第1宇宙速度」的 $\sqrt{2}$ 倍。當然，「第2宇宙速度」同樣是人類不可能投出的速度。

順帶一提，這個「第2宇宙速度」跟太空梭等太空船從地球起飛的速度有關。

史瓦西半徑

用大於等於「第2宇宙速度」的速度往上丟球，就能讓球脫離所在天體的重力圈；但是，假如有個天體的「第2宇宙速度」比光速更快，會發生什麼事呢？

所謂的光速，一如其名，就是光的速度，其值習慣用 c 表示。一般在空氣等介質中的光速大約是 $c = 3.0 \times 10^8$[m/s]。光速有個重要的性質，那就是**「不存在移動速度比光速更快的物體」。在現代物理學中，一般認為「不**

存在比光速更快的物體」是個客觀事實。

那麼，假如有個天體計算出來的「第2宇宙速度」比光速更快的話，就代表物體一旦被那個星體吸進去，就再也不可能逃出來。如果真有那樣的天體，那麼該星體的半徑會是多少呢？有位科學家曾經思考過這個問題。這個人就是德國天文學家**卡爾‧史瓦西**。他進行了下圖中的計算，算出了這個半徑。而這個半徑就稱為**「史瓦西（Schwarzschild）半徑」**。

圖 1-57 史瓦西半徑

當第2宇宙速度（脫離速度）超過光速時，

$$\sqrt{2gR} \geqq c$$

亦即

$$\sqrt{\frac{2GM}{R}} \geqq c$$

因此

$$R \leqq \frac{2GM}{c^2}$$

此時可寫成 $\frac{2GM}{c^2} = R_S$**，稱為史瓦西半徑**

由上圖我們就能得知，「史瓦西半徑」可表示成 $R_s = \frac{2GM}{c^2}$。換言之，若有一質量為 M 的星體，當該星體的半徑達到 $\frac{2GM}{c^2}$ 時，任何物體都不可能脫離該星體。

那麼，接著讓我們試著計算一下，當某物體的質量 $M = 5 \times 10^{24}$[kg]，亦即質量跟地球相同的時候，史瓦西半徑會是多大吧。

圖 1-58 史瓦西半徑的計算

$$M = 5\times10^{24}[\mathrm{kg}] \longleftarrow \text{地球質量}$$

則

$$R_S = \frac{2GM}{c^2}$$

$$= \frac{2(7\times10^{-11})\cdot(5\times10^{24})}{(3\times10^{8})^2}$$

$$\fallingdotseq 8\times10^{-3}[\mathrm{m}]$$

$$= 8[\mathrm{mm}]$$

當我們把地球的所有質量壓縮成半徑8×10^{-3}[m]，即8[mm]，也就是直徑1.6[cm]的球體時，任何物體都無法脫離這個星體。那麼，宇宙中是否真的存在這樣的星體呢？這等於把全地球的質量濃縮到1顆彈珠的大小，直覺上似乎不太可能有這樣的星星存在。在最早期的階段，研究此問題的科學家們也同樣很快就得出「應該不可能存在這種星體」的結論。然而，現在天文學界已經確認宇宙中的確存在這種星體，那就是**黑洞**。很多人對黑洞的想像是位在宇宙空間中的「洞穴」，但黑洞其實不是「洞」。黑洞是顆確實有物質存在的星體。然而，一旦進入那個星體，任何事物——甚至光線也無法逃離。因此從外面看來，黑洞就像是漆黑的洞穴一樣（正確地說，黑洞的存在是從愛因斯坦的廣義相對論推導出來的）。

天體運行的三大定律「克卜勒定律」

牛頓以前的天體運動研究

在牛頓之前，也有許多科學家研究天體的運動。

其中一位幾乎跟伽利略同一時代的天體觀測者是**克卜勒**，他所發現的**「克卜勒（kepler）定律」**，對於理解天體的運動非常重要（參照右頁上方）。

克卜勒三大定律的內容，全都能用牛頓建立的力學體系證明，但其中的第一定律和第二定律超出了高中範圍。

圖 1-59 克卜勒定律

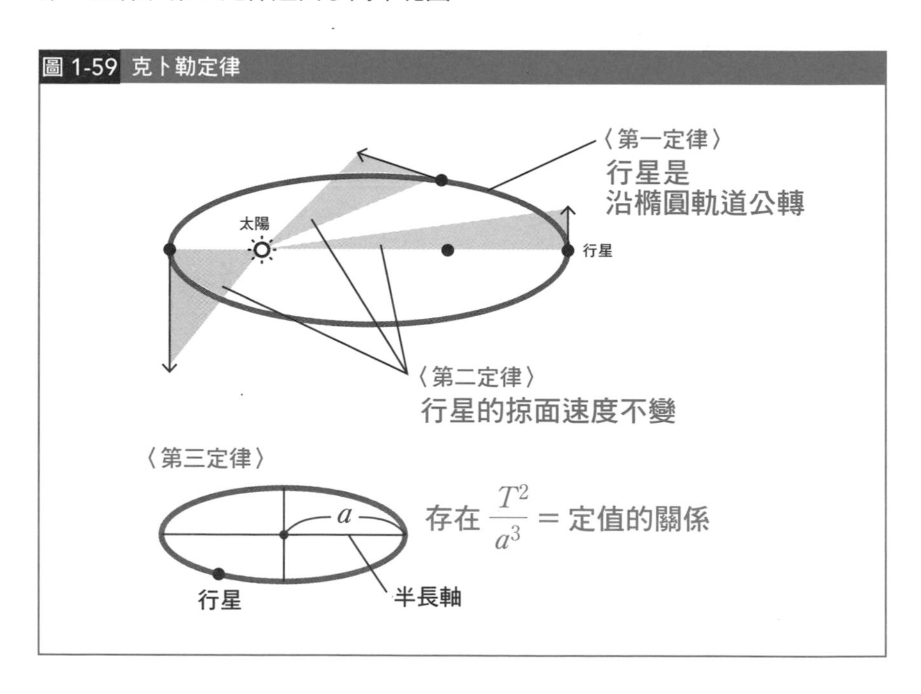

【克卜勒的三大定律】

第一定律：行星都沿著以太陽為其中一個焦點的橢圓軌道公轉

第二定律：行星的掠面速度不變

第三定律：行星的公轉週期 T 和橢圓軌道的半長軸 a 之間，存在 $\frac{T^2}{a^3}$＝定值的關係

※掠面速度，如前頁的圖所示，是指某位置的速度向量與焦點連成之三角形的面積。

因此，這裡只利用將運動軌道限制為「圓周運動」推導第三定律。

圖 1-60 克卜勒第三定律的證明

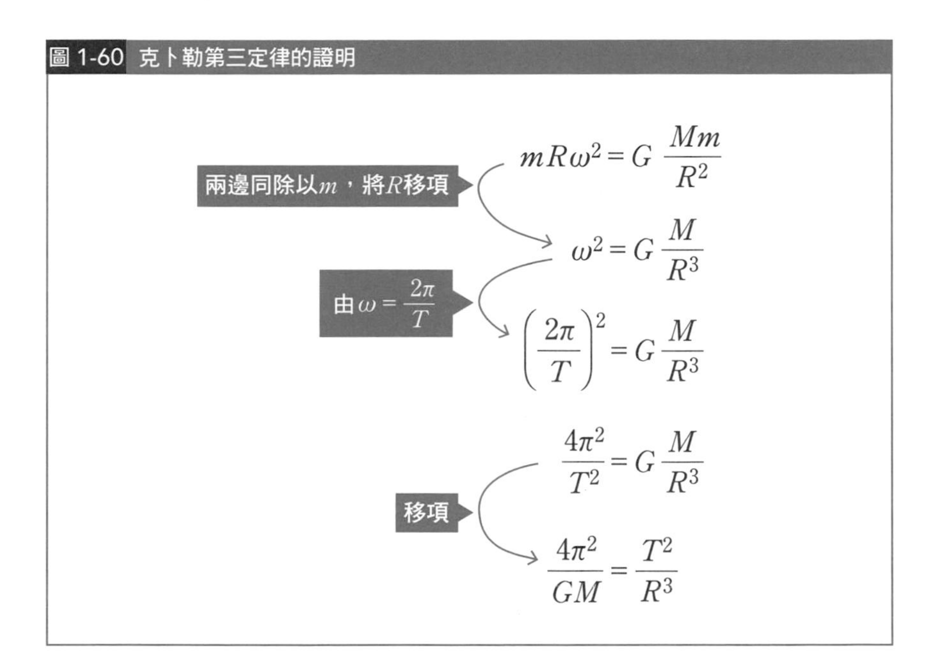

克卜勒的老師是位名為第谷‧布拉赫的知名天文學家兼占星師。第谷經常觀測天體（主要是火星），紀錄了大量的觀測資料，卻不擅長數學，不知道該如何整合這些資料。克卜勒在第谷死後繼承這些研究資料，並根據這些資料發現了克卜勒定律。

使物體旋轉的作用「力矩」

擁有體積和質量的物體「剛體」

至此為止，我們在處理運動時都無視「物體的體積」。前面幾節出現的物體，全都是「擁有質量，但沒有體積」的東西。

當然，沒有體積卻有質量，在現實中根本不可能存在這種東西。前面純粹是為了解說方便而將物體理想化。

「擁有質量卻沒有體積的物體」稱為**「質點」**。

而從本節起，**我們將開始處理「有質量也有體積的物體」**，這種物體稱為**「剛體」**。接下來將要討論的，便是「剛體」的運動。

「力矩」是什麼？

假設有一扇如下圖所示的門。門的右側已經裝好合頁，但還沒有裝上門把。

圖 1-61 門把的位置

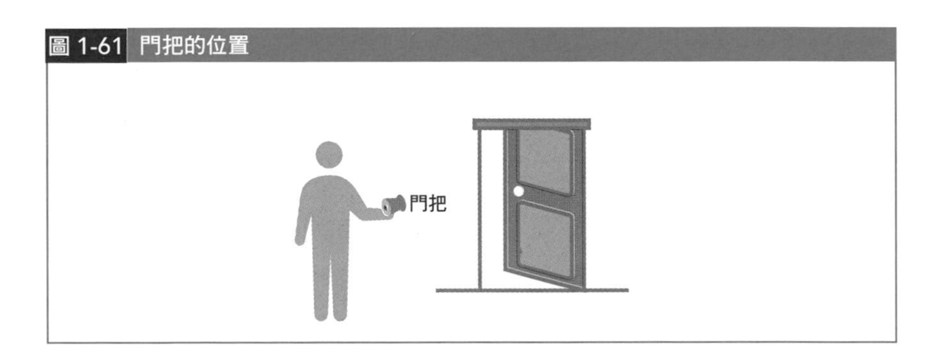

此時，請問門把應該裝在哪個位置呢？

相信大多數人都會回答「當然是裝在門的左側」。這的確是正確答案，然而，為什麼門把應該裝在左邊呢？

這裡就輪到**「力矩」**這個物理量登場了。在思考有體積的「剛體」時，一定得考慮這個物理量。

請看下圖。

圖 1-62 質點與剛體

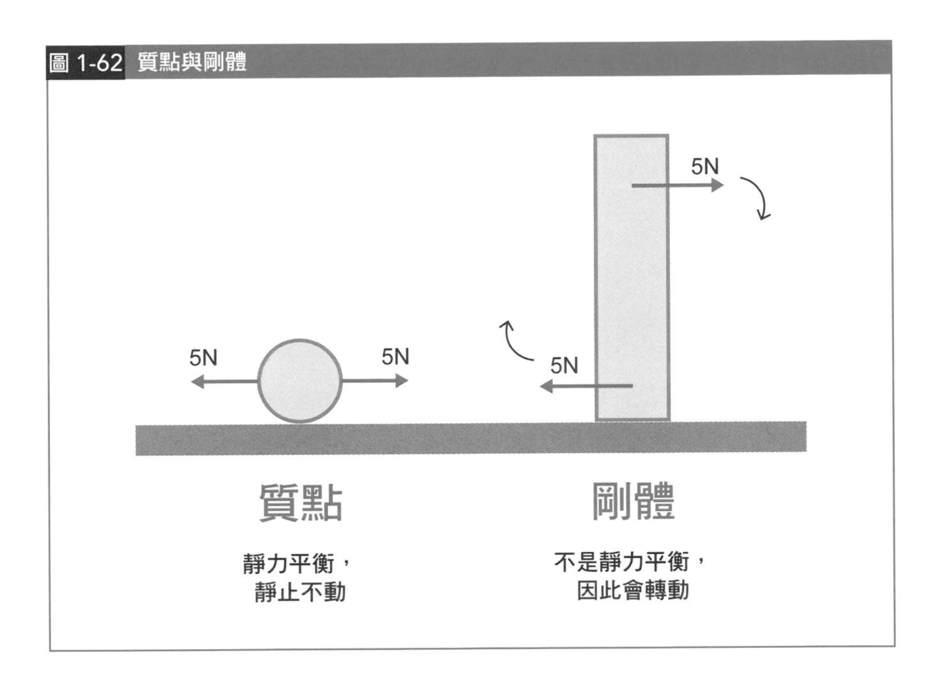

左邊是質點，右邊是剛體。對兩物體施以大小相同的力，比如5[N]的作用力。此時，「質點」會滿足「靜力平衡」的條件，靜止不動。

那麼剛體又如何呢？從上圖來看，很明顯會咕嚕咕嚕地轉動。由此可知，在討論剛體運動時，相較於質點必須再多考量「旋轉」的情況。

而作用力導致物體旋轉的作用，就是**力矩**。

決定力矩的2個要素

著眼於力量和長度

決定力矩的要素有2個。第1個是**「力的大小」**。第2個則是**「支點（不動的點）到力的作用線的垂直距離」**。而**力矩可用這兩者的積（相乘）算出**。在物理學中，「支點到力的作用線的垂直距離」稱為「力臂」。

下圖是上一節登場的門的俯視圖。

圖 1-63 俯視所見的門

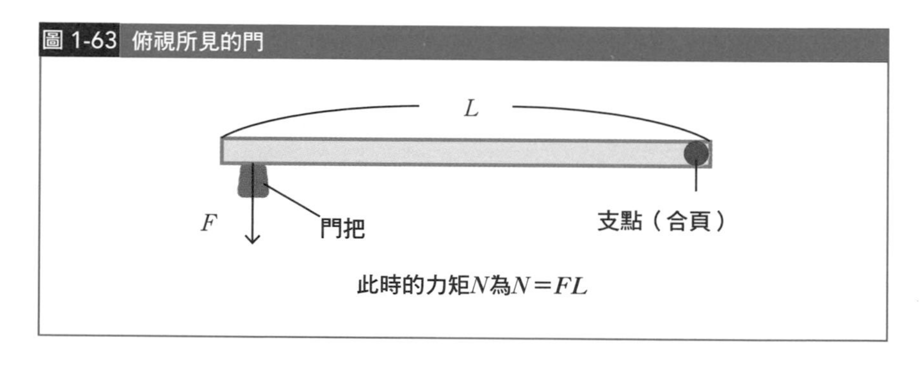

支點，即不動的點位在合頁的位置。相信從正上方俯視，就能清楚明白為什麼門把要裝在門的左邊。換句話說，若想盡可能用最小的力量打開門，就必須盡量放大使物體旋轉的「力矩」。

盡可能在遠離支點的地方施力，旋轉作用就愈大。所以說，我們要把門把安裝在離右側合頁最遠的門板左側。「力矩」習慣用符號N來表示。

計算方法有2種

如右頁圖所示，對剛體受到來自傾斜方向的作用力時，有2種計算力矩的方法。

圖 1-64 受到傾斜方向作用力的剛體

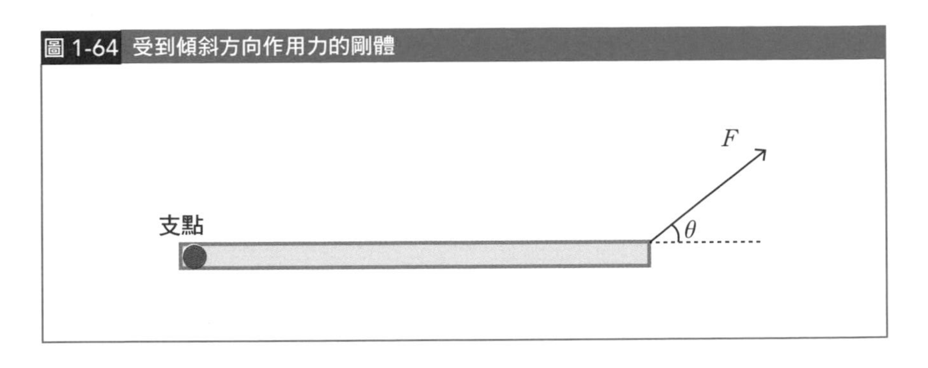

①用「參與旋轉的力」乘上「力臂」

圖 1-65 計算方法①

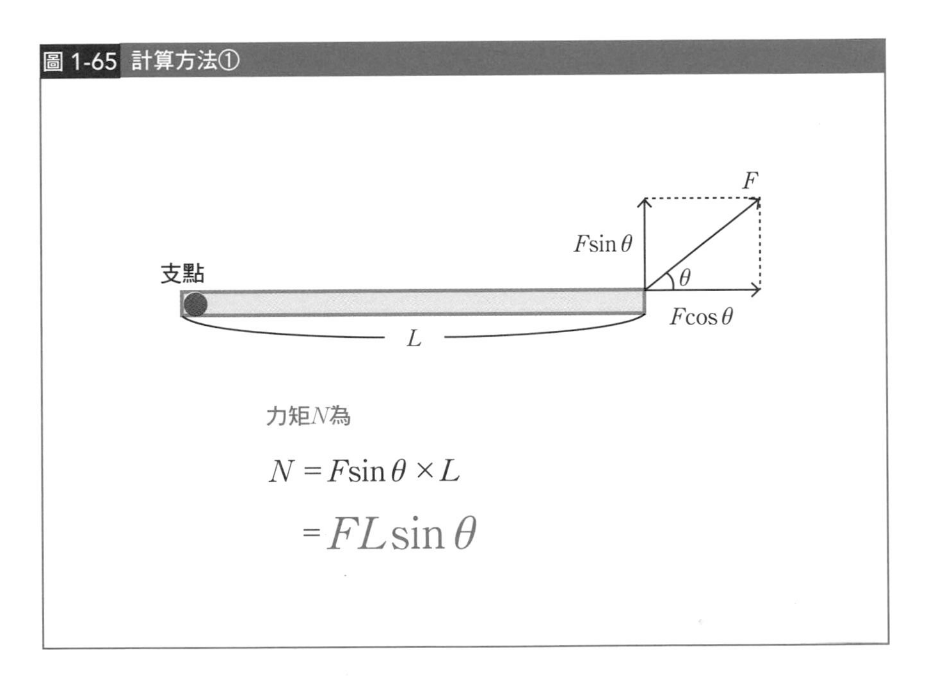

在物體的作用力中，跟物體的旋轉有關的力量，就是「參與旋轉的力」。

如上方圖所示，將作用力分解的情況下，會發現$F\sin\theta$參與了旋轉，但$F\cos\theta$只是把門往水平方向拉，完全不影響旋轉。因此，這個時候的力矩N是$N=FL\sin\theta$。

②用「力量」乘上「參與旋轉的力臂」

圖 1-66 計算方法②

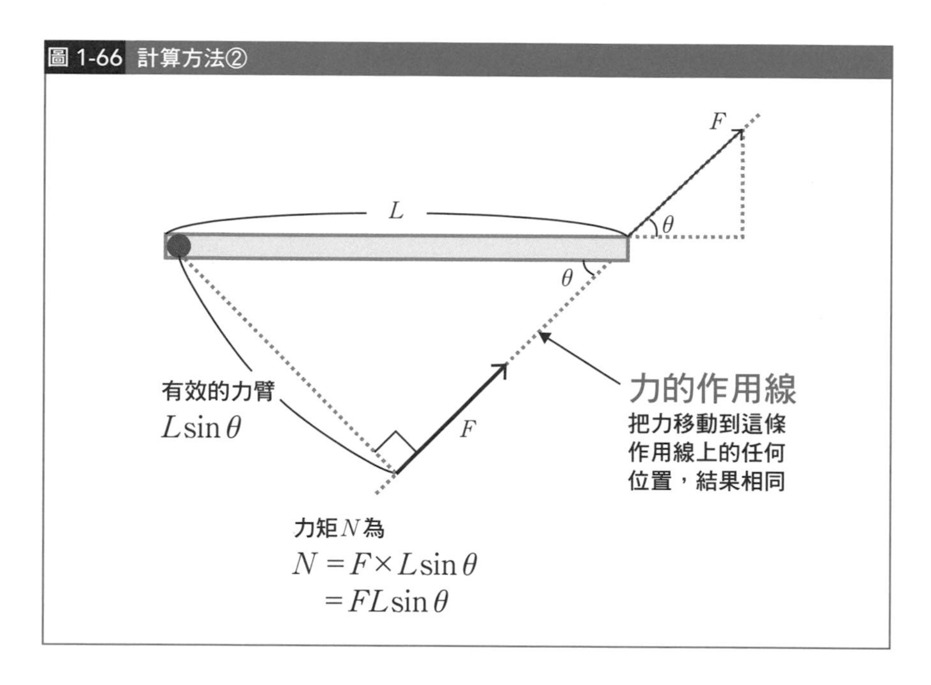

跟分解作用力的算法①不同，算法②將焦點著眼於力臂。

對物體施以F大小的力時，與物體旋轉相關的力臂就是「參與旋轉的力臂」。要找出「參與旋轉的力臂」，只需按上圖的步驟計算即可。

換言之，「參與旋轉的力臂」是$L\sin\theta$，乘上力F的積便是力矩N，結果依然是$N=FL\sin\theta$，跟①求出的結果一樣。2種算法算出的力矩相同，所以想用哪一種都是個人自由。此外，我們也可以整合算法①和②。換言之，力矩就是「垂直關係的力量與力臂的積」。

剛體靜止不動的情況

接著來思考看看剛體靜止不動時的運動情形。首先，力矩應該長什麼樣子，剛體才會不旋轉而靜止呢？

力矩是使剛體「發生旋轉的作用」。而旋轉又分為「順時針旋轉」和

「逆時針旋轉」。

而剛體之所以不旋轉且靜止不動，是因為「順時針力矩」和「逆時針力矩」的值相同。

換言之，如果要使剛體保持靜止的狀態，就必須滿足「力矩平衡」的條件。

請看下圖。圖中有一個擁有體積的棒狀剛體，斜靠在牆壁上，靜止不動。假設地板很粗糙，存在很強的摩擦力。請問，此時來自牆壁的垂直抗力N有多大呢？

圖 1-67 靠牆斜放之木棒的靜力平衡式①

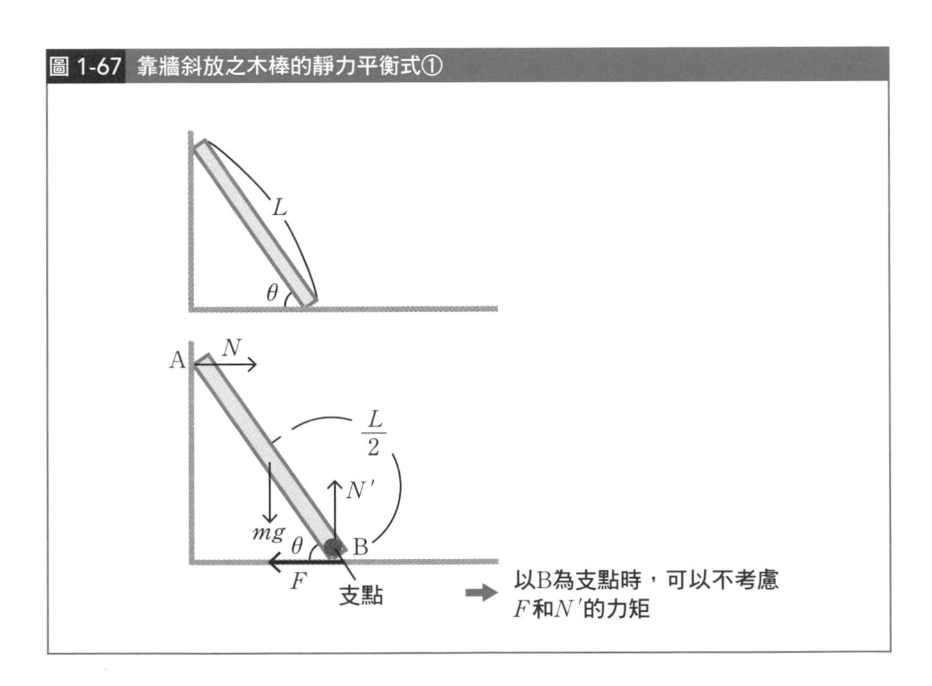

要解這個問題有個重點。在計算力矩時，一定先得找出「支點」的位置，而此時盡可能選擇**「力量最集中的點」**當支點，可讓計算更輕鬆。

這是由於作用在「支點」上的力矩為0，可以無視不計。因為作用在「支點」上的力量，其「支點到施力點的施力臂長度」一定為0。

這題我們就用跟粗糙地面相接的B點當支點。

此時，運用剛剛看過的算法②來計算「順時針力矩」和「逆時針力矩」，然後建立「力矩平衡」的運算式，將會得到以下結果。

圖 1-68 靠牆斜放之木棒的靜力平衡式②

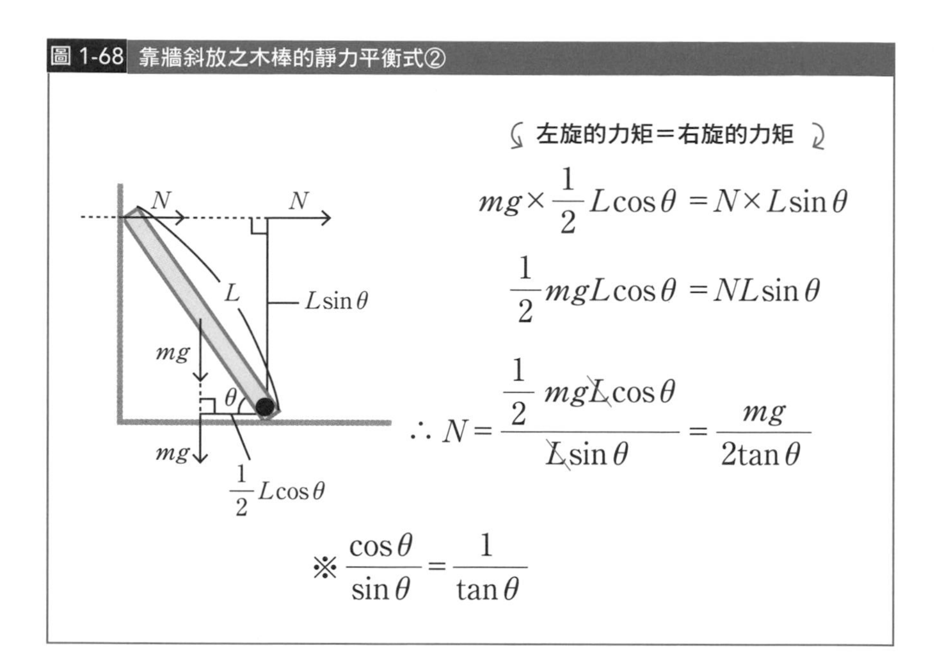

3股力的作用線必然交於1點

剛體靜止時的3力關係

當有3股不互相平行的力作用在剛體上，且剛體靜止不動時，這3股力之間存在**「3力的作用線（從力的向量延伸出去的直線）必然交於1點」**的關係。

其理由非常簡單。請看下圖。

圖 1-69 3力的關係①

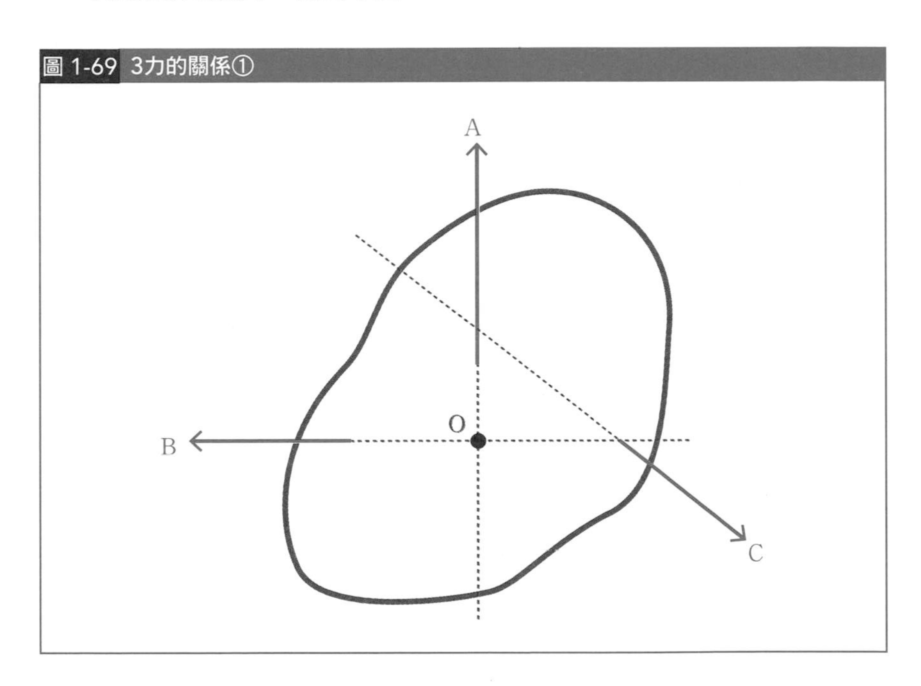

如上圖所示，請問當力A和B的作用線相交於1點（點O），但力C的作用線不通過點O時，這個剛體有可能保持靜止嗎？

答案是不可能。其理由在於，若以點O為支點，雖然力A和B的力矩為0

（零），但力C的力矩一定不會是0。

也就是說，這個剛體無法維持「力矩平衡」的狀態，不可能靜止不動，而會發生旋轉。

換言之，靜止的剛體上存在3股不互相平行的作用力時，這些力的作用線一定如下圖所示，必須交於1點。

圖 1-70 3力的關係②

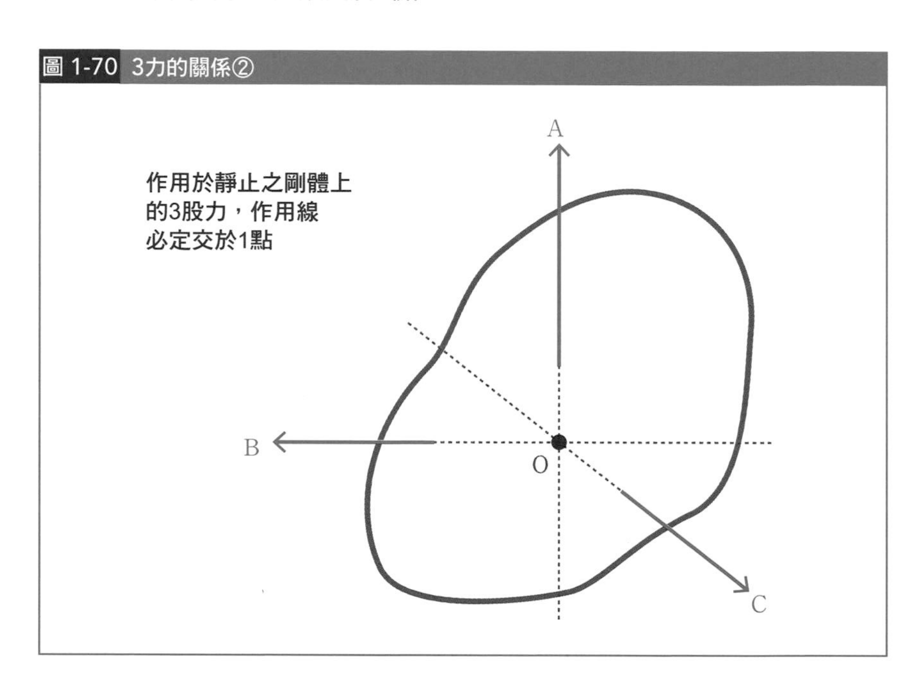

「數學的重心」和「物理學的重心」相同

「重心」就是「質量中心」

力學的最後一個單元是「**重心**」。「重心」這個詞，不只是在物理學，大家在日常生活中應該也經常聽到和用到。

重心的科學定義如下。

圖 1-71 重心的定義

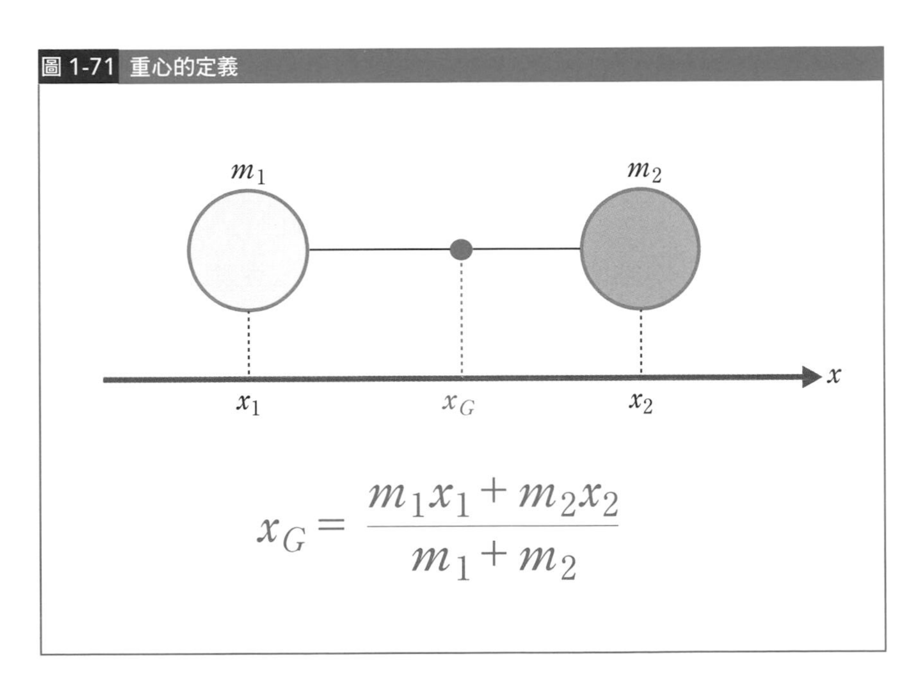

$$x_G = \frac{m_1x_1 + m_2x_2}{m_1 + m_2}$$

這個等式的白話意義，簡單來說就是**「質量的平均位置」**。

換言之，當質量 m_1 凝聚集中在位置 x_1，且質量 m_2 凝聚集中在位置 x_2 時，假設總質量 $m_1 + m_2$ 集中在位置 x_G 點上，那麼這個點就是重心。

那麼，下面就舉幾個具體的例子，一起來看看它們的「重心」在哪裡吧。首先，是具對稱性的簡單形狀物體的重心。

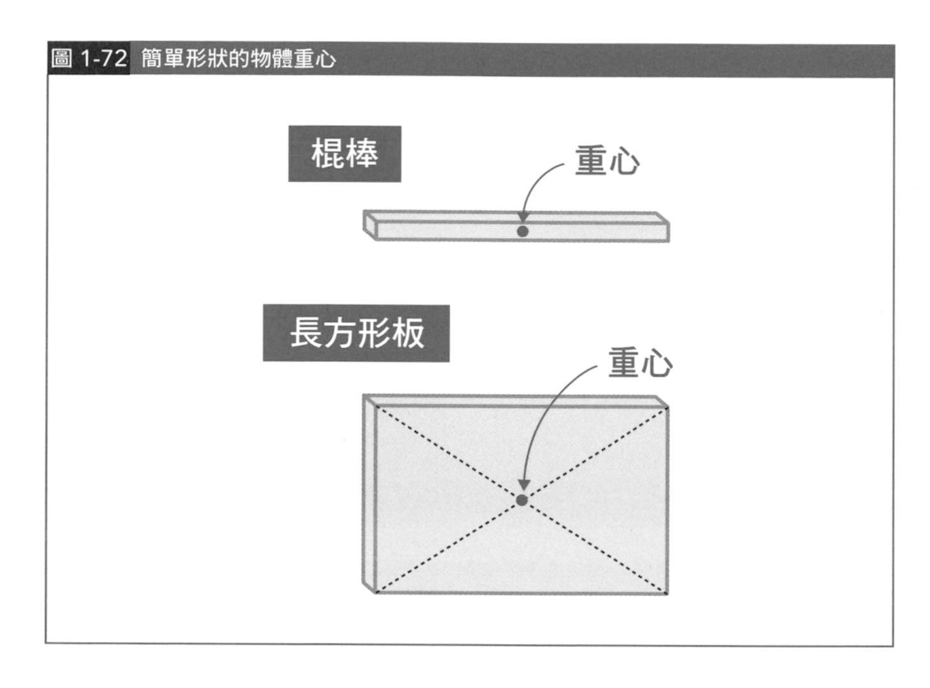

圖 1-72 簡單形狀的物體重心

如上圖所示，當物體的形狀對稱時，重心會在「正中間」。那麼，下圖畫的這種「三角形板」又是如何呢？

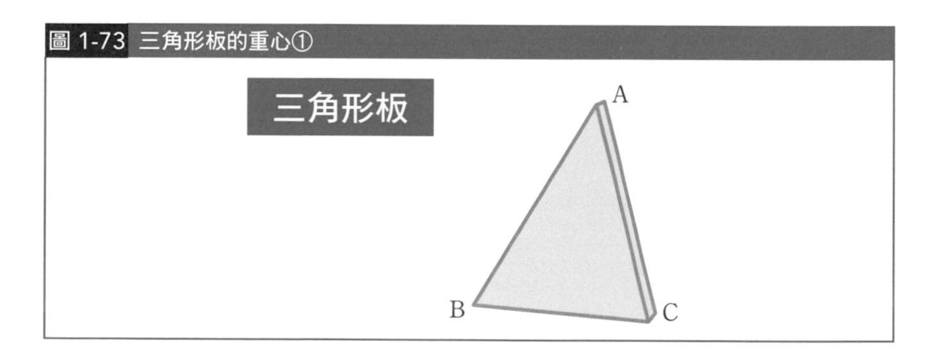

圖 1-73 三角形板的重心①

想算出這種物體的重心，需要多花一點工夫。首先，我們把這個「三角形板」的底邊部分削下1塊薄片。

而削下來的薄片部分，就可以當成剛剛看過的「棍棒」來處理。換句話說，這根削下來的「棍棒」重心會在「正中央」。然後我們重複相同步驟，把三角形板一塊一塊削下去。

最後，我們會得到一個像跳箱一樣，由一層層棒狀薄片疊成的物體。

由於每根棍棒的重心都在正中央，所以可以預想這個「三角形板」的「重心」應存在於從頂點A畫出的中點連線，即數學所說的「中線」上。

圖 1-74 三角形板的重心②

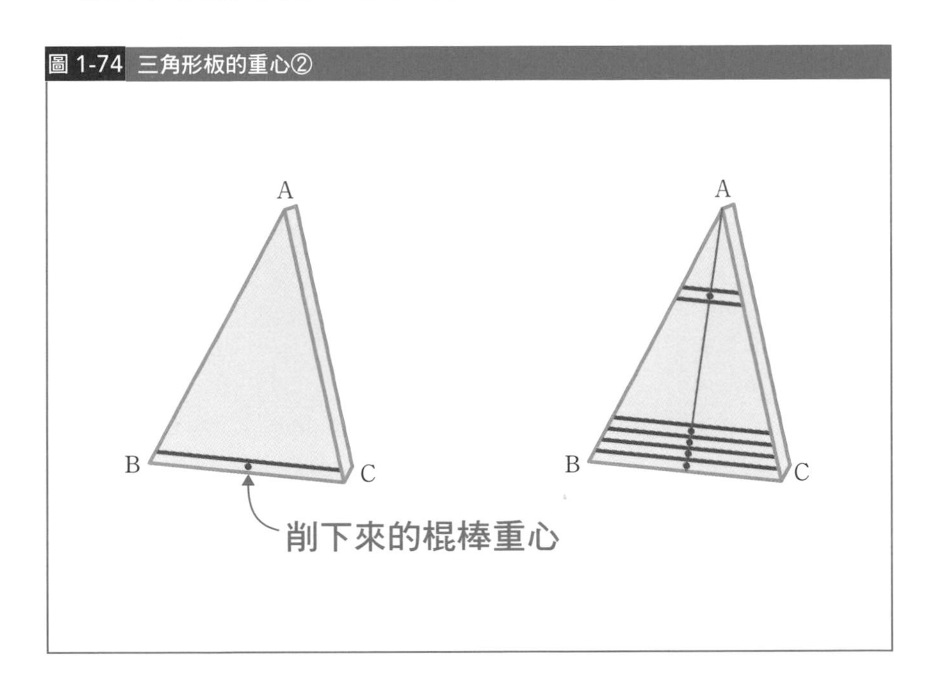

接著再換到頂點B，並將其對邊AC視為底邊，一塊塊削下AC側的邊取重心。於是，我們又能找到1條從頂點B畫出來的「中線」。

換言之，從頂點A和B畫出的「中線」交點就是「三角形板」的「重心」。

其實，這跟我們在數學學過的「三角形重心」完全一致。數學的「重心」和物理學的「重心」實際上是一樣的。

圖 1-75 三角形板的重心③

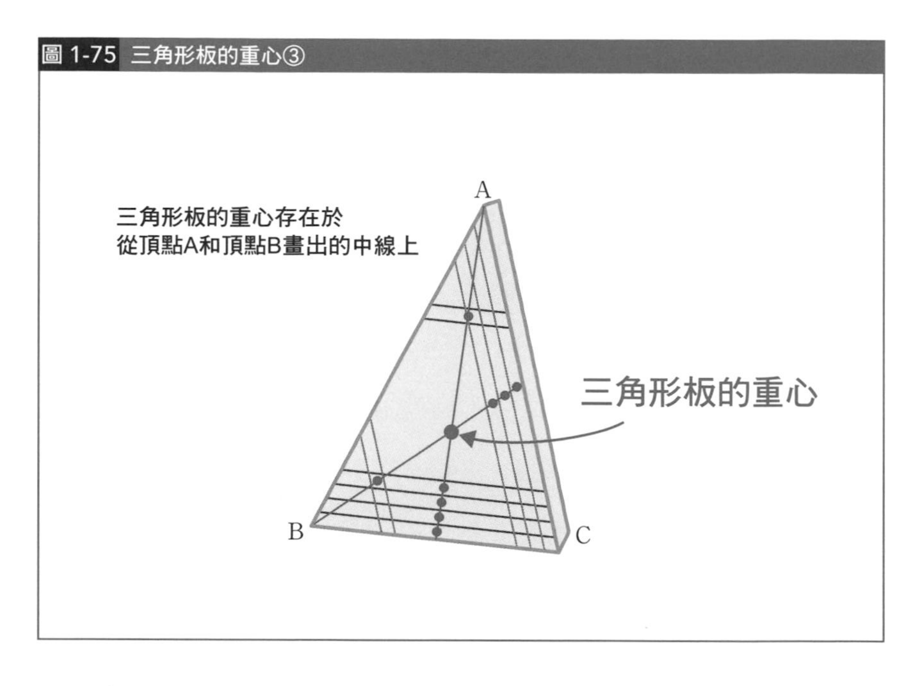

到此，我們已完整介紹了力學（牛頓力學）的整體框架。

從下一章開始，將繼續講解熱力學的部分。

第2章

熱力學

從「力學途徑」解釋熱現象的熱力學

熱現象是「粒子的活動」？

受到牛頓力學影響，而**嘗試用力學語言去解釋熱現象的學問，就是本章要介紹的「熱力學」領域**。

在本章，我們首先會從「力學的角度」來理解日常生活中常用的**「熱」**和**「溫度」**等詞彙。

用力學的角度思考「熱」，會發現它的本質其實就是能量。至於「溫度」則習慣用單位為[K]的「絕對溫度 T」表示。

使1[g]的某物質溫度上升1[K]所需的熱量稱為**「比熱」**，而使某物體的溫度上升1[K]所需的熱量稱為**「熱容量」**。

用力學理解熱和溫度後，接著我們會來看看熱現象，但因為固體和液體的分子結合非常複雜，所以我們將用**分子可完全自由移動，且無視氣體分子大小的「理想氣體」**概念來解說氣體的熱現象。

接著，再來看看氣體的變化，由於熱的真面目是能量，所以我們會把焦點放在能量的轉移上。

最後則是「壓力」的現象，我們會講解用微粒子（氣體分子）運動來詮釋壓力的**「氣體分子運動論」**。

以上便是熱力學的大框架。

那麼從下一節開始，馬上就從「力學的角度」來看看熱和溫度吧。

第 2 章 【熱力學】的概覽圖

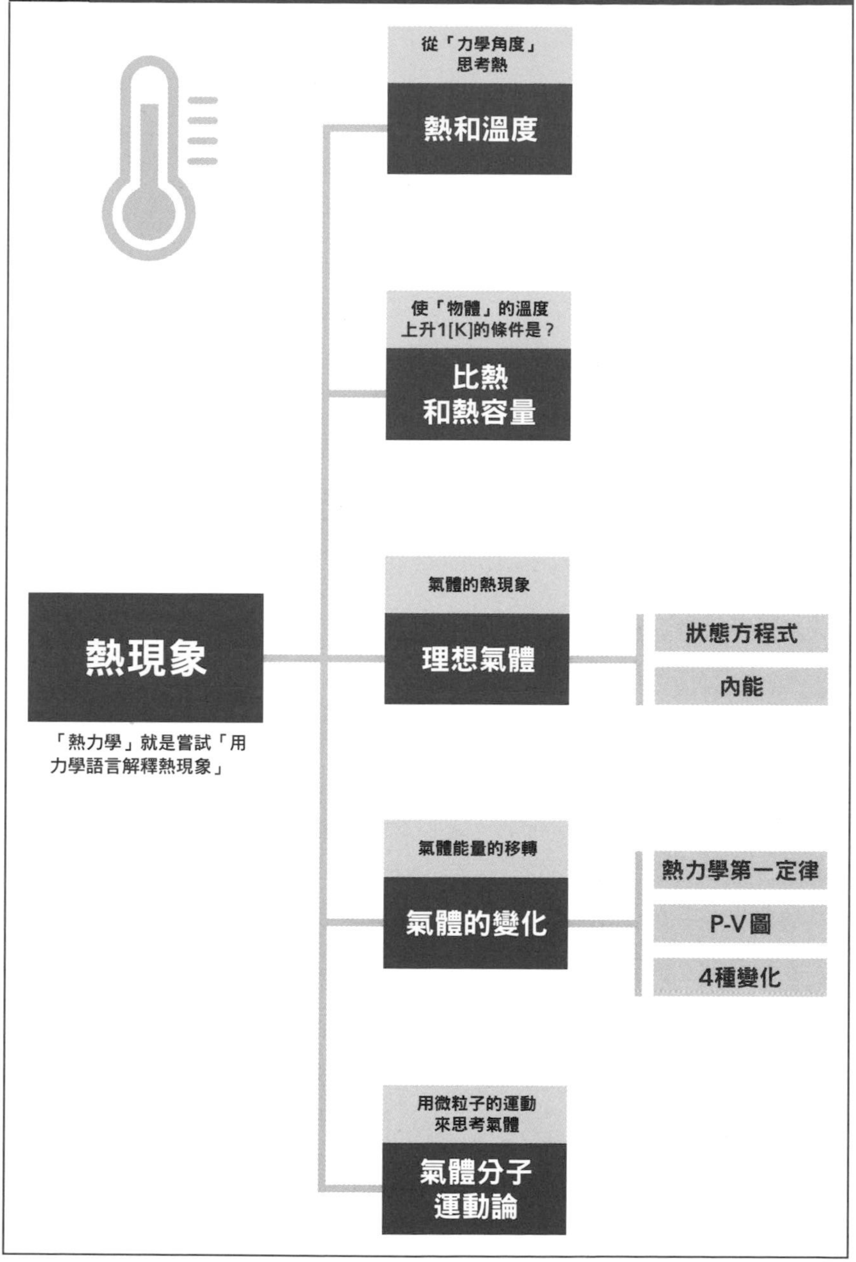

熱現象

「熱力學」就是嘗試「用力學語言解釋熱現象」

從「力學角度」思考熱

熱和溫度

使「物體」的溫度上升1[K]的條件是？

比熱和熱容量

氣體的熱現象

理想氣體

- 狀態方程式
- 內能

氣體能量的移轉

氣體的變化

- 熱力學第一定律
- P-V圖
- 4種變化

用微粒子的運動來思考氣體

氣體分子運動論

「牛頓力學」和「機率統計論」的融合

熱力學＝超多粒子系統的力學

「熱力學」是一門處理「加熱、冷卻物體；壓縮、膨脹物體」等熱現象的學問。

原本，熱現象跟力學現象是完全不同的學問領域。然而，**自17世紀以後，牛頓力學的世界觀成為主流，於是愈來愈多的科學家認為熱現象也應該能夠描述為「某種粒子的活動」才對**。

換言之，**嘗試「用力學語言來解釋熱現象」，就是「熱力學」這門領域在做的事**。

如果能在毫無矛盾的情況下只用力學概念來解釋所有熱現象，照理說直接把熱力學歸入「力學」就行了。

然而，「力學」和「熱力學」卻被分成2個領域。當然，這當中自然有其理由。

所謂的熱現象，指的是加熱、冷卻氣體或液體等現象，而構成氣體和液體的粒子是「原子和分子」。那麼，「原子和分子」大約有多少個呢？

在觀察氣體和液體的時候，除非組成氣體或液體的「原子和分子」數量大於約10^{23}個，否則就無法在宏觀（macro）的尺度下被人類看見（所謂的宏觀【macro】，簡單來說就是可以被人類肉眼觀察到的現象。反義詞是微觀【micro】，用來描述人類肉眼看不見之層級的現象）。換句話說，至少要有10^{23}個「原子和分子」聚集在一起，氣體或液體才能存在。

出於這個理由，「熱力學」被認為是**「大量粒子之活動所引發的力學現象」**，有時又可稱為**「超多粒子系統力學」**。

即便認為宇宙所有運動皆由力學方程式決定的牛頓力學世界觀是正確

的，現實中也不可能真的用運動方程式去計算10^{23}個「原子和分子」的運動。

然而，就算不寫出運動方程式，我們也意外地早已知道很多熱現象的知識。

例如，把冰塊丟進熱水中，冰塊一定會融化，且水溫會變成介於冰塊和熱水之間。從未有人見過滾水重新沸騰，或是冰塊愈變愈冷的現象。

還有，在黑咖啡中加入牛奶，兩者一定會像拿鐵一樣混合。而且不論你盯著這杯拿鐵看上多久，它都不會重新分離成黑咖啡和牛奶。

這些現象，都是由大量粒子的活動造成的。但我們明明不知道個別粒子的運動情形，現實中卻還是能夠預測整體的系統會發生什麼事。

這究竟是為什麼呢？答案是「機率」。

「混合熱水和冰塊，冰塊會融化，而水的最終溫度會介於冰塊和熱水之間」的理由，是因為有接近100%的機率會變成如此。而「混合黑咖啡和牛奶，會變成拿鐵咖啡」的理由，也是因為實際上有100%的機率會變成這樣。

換言之，**大量粒子活動造成的現象，正是因為數量很大，所以即使不知道個別粒子的運動，也能從整體的結果中發現某些規律**。舉個例子，同時丟出6000兆個骰子，要預測哪個骰子會擲出「1點」很難，卻能輕易預言整體上分別擲出1～6點的骰子大約各有1000兆個。

在踏入「熱力學」的入口前，請先記住熱力學是一門融合了「牛頓力學」和「機率統計論」的學問。

力學的溫度——「絕對溫度」

其實「熱」和「溫度」都是假想的概念

人們的日常生活中，經常用到**「熱」**和**「溫度」**等詞彙。

然而，也因為每天都會用到它們，人們很容易產生自己已經對它們瞭若指掌的錯覺。但在科學的世界，確實理解一個詞彙的正確定義非常重要。

日本人在描述體溫時常常會用「我的『正常熱度』是36.6℃」的說法，而這種描述正是混淆熱和溫度的代表性例子。

那麼，「熱和溫度」這2個詞，究竟有什麼不同呢？

圖 2-1 熱與溫度

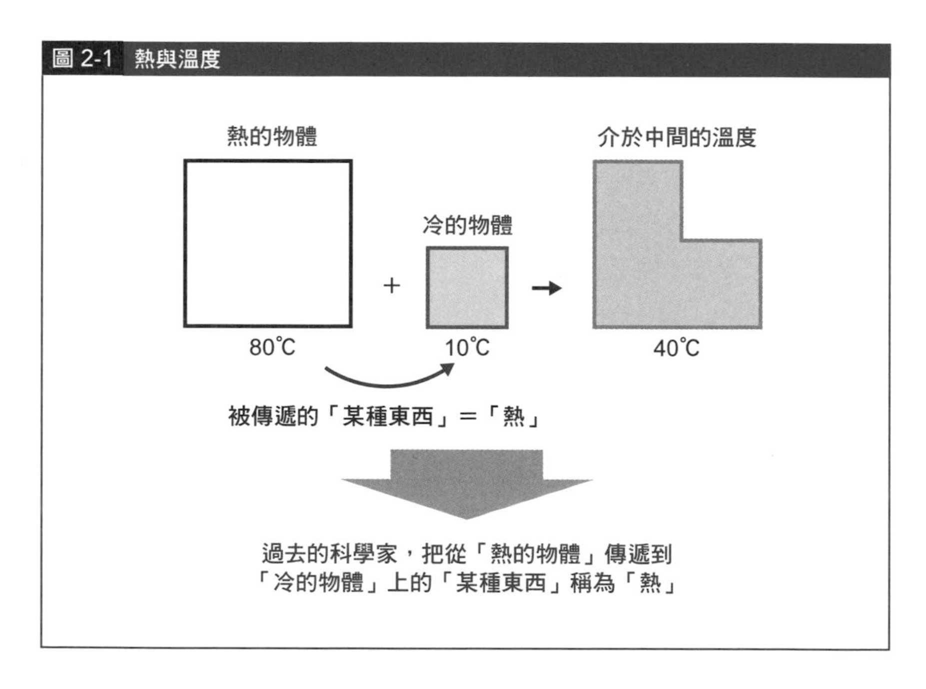

我自己一直到中學為止，也以為熱和溫度是差不多的東西。而在牛頓力

學問世前，科學家們也沒有完全搞懂熱和溫度的差異。

自古以來，人類就知道把熱的東西（溫度高的意思）和冷的東西（溫度低的意思）貼在一起，兩者最後將變成介於中間的溫度。當時，人們認為這是因為有「某種存在」從熱的物體跑到冷的物體上，並把這「某種存在」稱之為「熱」。

也就是說，古時候的人們是為了解釋這種現象的原理，才創造了「熱」和「溫度」等詞彙。

絕對溫度

大家日常生活中常用「溫度」應該都是**「攝氏溫度」**。

攝氏溫度是以水沸騰時的溫度為100°C，並以水凍結的溫度為0°C。我還記得自己在小學的時候，曾經為了「自然界中居然存在這麼工整的關係！」而大受感動。然而，實際上只是以前的科學家們規定「把水沸騰的溫度當作100°C，結凍的溫度當作0°C，然後將中間的溫度切成100等分」罷了。這純粹是因為水是最貼近人類生活的物質，最容易使用而已。換言之，這種溫標其實不太科學。

因此，後來科學家創造了另一種溫標取代攝氏溫標，也就是力學式的「溫度」——**「絕對溫度 T」**。

絕對溫度 T 的定義

$$\frac{1}{2}m\overline{v^2}=\frac{3}{2}k_B T$$

「絕對溫度」是在攝氏溫度（°C）問世大約100年後被創造的溫度標準。單位是[K]。總而言之，請先記住這個式子就是絕對溫度的定義式（之後會在氣體分子運動論的單元證明它）。

此式的左邊是不是有點似曾相識呢？沒錯，就是動能。$\overline{v^2}$上面的—（橫線）是「平均」的意思。

換言之，**所謂的溫度，可以想成「組成分子的平均動能」。換言之，溫**

度其實就是「動能」。這個式子中的k_B是**波茲曼常數**，取自主張應該用粒子的統計性運動理解熱現象的**路德維希·波茲曼**的姓氏。

$$k_B = 1.38 \times 10^{-23} [\mathrm{J/K}]$$

較熱的物體，其組成分子的運動較活躍，換言之動能比較大。相反地，**較冷的物體，其組成分子的運動較平穩，亦即動能比較小**。

圖 2-2 絕對溫度的概念

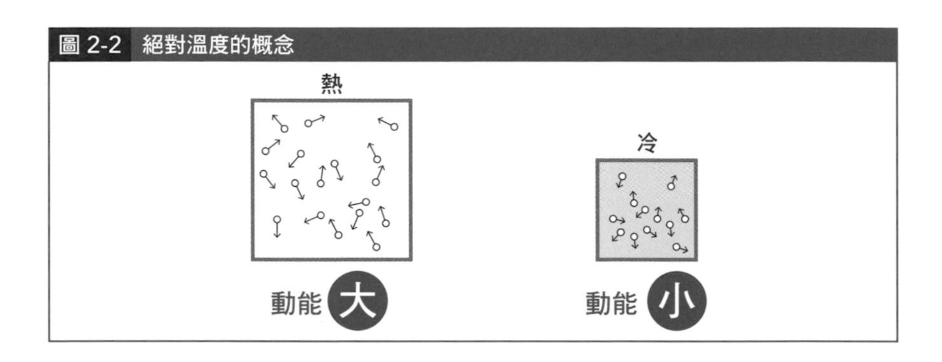

用絕對溫標計測溫度時，不存在0[K]以下的溫度。

既然是以分子的動能當作基準，那麼絕對溫度的0[K]，就是動能為0，也就是分子完全靜止不動的狀態。這個狀態稱為**絕對零度**。順帶一提，絕對零度換算成攝氏溫度，就是−273℃。換言之，**這個世界不存在比−273℃更低的溫度**。

「熱」的真面目

如果把「溫度」理解成「動能（的平均值）」，就能自然看見「熱」的真面目。

讓我們回頭看看把炎熱物體和冰冷物體貼在一起的例子。當動能大的物體跟動能小的物體接觸時，會發生什麼事呢？劇烈運動的分子跟平穩運動的分子碰撞在一起，能量會從劇烈運動的分子移動、傳遞到平穩的分子上。於是，兩者的運動程度會漸漸同步，彼此的動能變得相同。然後，就變成介於中間的溫度。這個時候從熱物體轉移到冷物體上的是**「能量」**。這就是「熱」的真面目。

於是科學家們發現，**過去被人們稱為「熱」的東西，只不過是「逐漸轉移的能量」**。

圖 2-3　熱的真面目

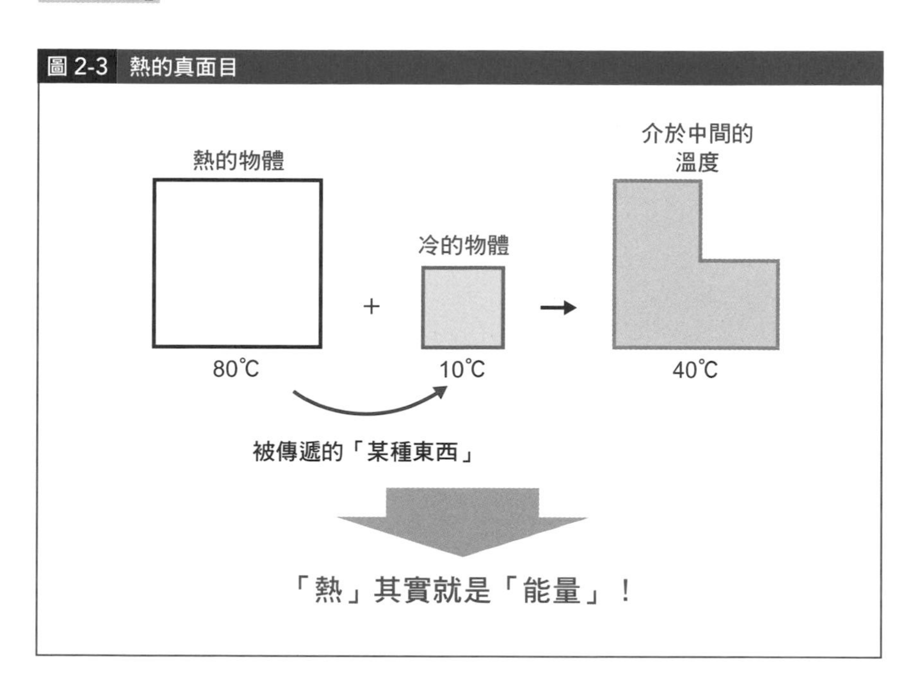

以前曾有一段時期，人們認為熱的真面目是種稱為熱質的「粒子」。熱質的英語是caloric。直到現代，仍能在[cal（卡路里）]這個單位上看到這個詞的蹤跡。然而，現在人們已經知道熱的本質是「能量」，不再認為有熱質這種粒子存在。

使「物體」的溫度上升1[K]所需的熱量

比熱

本節要解說**「比熱」**和**「熱容量」**這2個物理量。首先，讓我們來看看「比熱」。

・比熱c[J/g・K]…使1[g]的某物質溫度上升1[K]所需的熱量

比熱是物質固有的值。比如鐵的比熱是0.45[J/g・K]，水的比熱是4.2[J/g・K]。以下是常見物質的比熱表。

圖 2-4　比熱一覽

物質	比熱[J/g・K]
水	4.2
鉛	0.13
銅	0.38
鐵	0.45
混凝土	0.8
鋁	0.9

水的比熱遠遠大於其他物質。
比熱愈大，愈不容易加熱或冷卻

大多數物質的比熱約在1或1以下，所以水算是比熱非常大的物質，這代表**水跟其他物質相比更不容易加熱或冷卻**。

這是因為，要使水的溫度上升1[K]，需要給予4.2[J]的熱量；相反地，要使水的溫度下降1[K]，需要奪走4.2[J]的熱量。

地球表面絕大多數的區域都被水（海水）覆蓋。多虧於此，地球的晝夜溫差比太陽系內的其他行星小得多（比如火星的平均氣溫是−60℃，最高氣溫卻有30℃，最低溫為−140℃，非常不適合人類居住）。

熱容量

以下是熱容量的定義。

・熱容量 C[J/K]…使某物體的溫度上升1[K]所需的熱量

熱容量跟比熱的差異乍看很模糊，但只要整理一下就很容易理解。

這裡我故意在熱容量的定義中用了「物體」這個詞。這世上存在的物體，絕大多數屬於「混合物」。

例如，我現在是用電腦在撰寫這本書的原稿，但電腦並不屬於「物質」，而是由塑膠、金屬、玻璃等各種不同物質組合而成的「混合物」，是種名為電腦的「物體」。

因此，假如有人問「電腦的比熱是多少？」，這個問題是沒辦法回答的。

於是，為了解決這問題，才有了熱容量的概念。

粗略來說，**遇到「純物質」就用「比熱」，遇到「混合物」就用「熱容量」**，你現在只要這麼記就行了。

從「分子的運動」來探究熱現象

理想氣體＝氣體分子可自由移動，且體積為0的氣體

那麼，本節我們將正式進入熱現象的話題。然而，由於固體和液體的分子往往彼此緊緊結合，運動受到限制、束縛，所以剛開始就討論固體和液體的熱現象，難度會一下子跳升太多。

因此，我們先從分子之間可以完全自由移動的狀態，也就是「氣體」的熱現象開始看起。只討論這種氣體的「熱力學」稱為**「理想氣體熱力學」**。而所謂的**「理想氣體」**，則是分子可以完全自由運動，而且不考慮氣體分子體積的氣體。

圖 2-5 理想氣體

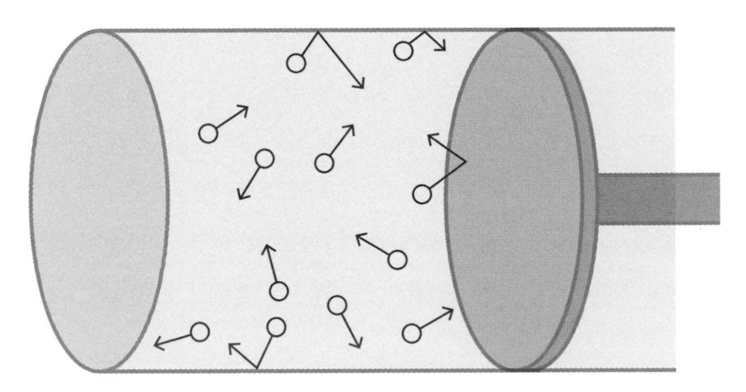

不考慮分子的體積，且分子可完全自由移動的氣體，稱為理想氣體

用於描述理想氣體特徵的物理量

在描述理想氣體的特徵時，主要使用以下的物理量。

①**體積** V **[㎥]**…由於氣體一定得放在容器中實驗，所以氣體的體積通常跟承裝氣體的容器容積相同。

②**壓力** P **[Pa]**…每單位面積（1[㎡]）之氣體產生的力。其定義是力 F 除以面積 S 得到的量。因此，可以寫成下面的等式。

$$P = \frac{F}{S}$$

換言之，由此式可知，

$$F = PS$$

也存在這樣的關係。

③**絕對溫度** T **[K]**…即前述的絕對溫度。組成氣體之分子的動能（的平均值）。

④**分子數** n **[mol]（又稱為物質量）**…氣體中存在著數量超乎想像的分子。因此通常不會一個個計算，而是用 6.02×10^{23} 個＝1[mol]當成計算單位。

6.02×10^{23} 常常寫成 N_A，俗稱**亞佛加厥常數**（n[mol]的分子數就是 nN_A）。

由波以耳定律和查理定律形成的「狀態方程式」

理想氣體狀態方程式

當理想氣體的mol數固定為n時，以下的等式成立。

$$PV = nRT$$

這個等式被稱為理想氣體的**「狀態方程式」**。

R稱為氣體常數（或莫耳氣體常數），即以下常數。

$$R = 8.31[\mathrm{J/mol \cdot K}]$$

這個狀態方程式可以說是處理理想氣體時最重要的數學式。

「狀態方程式」是在漫長歷史中慢慢演變形成的。

首先，1662年時名為**羅伯特‧波以耳**的科學家發現了「當溫度T固定不變時，壓力P和體積V的積也保持不變」的定律。這就是所謂的**「波以耳（Boyle）定律」**。

接著，在大約130年後，法國的**雅克‧查理**又發現「當壓力P固定不變時，體積V和溫度T的比保持不變」。這稱為**「查理（Charles）定律」**。

而這2個定律合而為一的產物，就是「波以耳-查理定律」。

然後此定律又經過下面的演變，在實驗中慢慢形成了理想氣體的「狀態方程式」。

圖 2-6　狀態方程式的由來

當 $T=$ 定值時 ➡ $PV=$ 定值　（波以耳定律）

當 $P=$ 定值時 ➡ $\frac{V}{T}=$ 定值　（查理定律）

結合二者　$\frac{PV}{T}=$ 定值　（波以耳-查理定律）

換言之　$PV=$ 定值 $\cdot T$

將 定值 的部分寫成 nR，

便可導出 $PV=nRT$

由此可知，「狀態方程式」是由「波以耳定律」和「查理定律」等前人們的成就一點一滴建立起來的。

換句話說，「狀態方程式」這個式子就同時包含了「波以耳定律」和「查理定律」。

求理想氣體的動能總和

「內能」是什麼？

接下來，我們要引入新的物理量，稱為**「內能 U 」**。

首先確認它的定義。

內能＝組成分子的動能總值

換言之，所謂的內能，就是**把每個分子擁有的動能全部加起來**。因為這個概念也可理解成氣體整體內含的能量，所以被稱為「內能」。

那麼，下面來具體算看看內能 U 的值吧。這裡我們計算的是「單原子分子理想氣體」的內能。所謂「單原子分子」，就是1個原子即可視為氣體分子的氣體。

具體來說，週期表上第18族的He和Ar等惰性氣體（稀有氣體）都屬於單原子分子的氣體。

要計算單原子分子理想氣體的內能 U，理論上只需要逐一算出組成分子的動能，再全部加起來即可；但mol數為 n[mol]的氣體，其氣體分子一共多達 nN_A 個，要一一算出它們的動能是不可能的事。

因此，**我們要利用「平均」的概念**。

比方說，假設有個老師想知道「30人班級某科目段考的總分數」。此時有2種方法可以算出總分。

第1種，是直接詢問班上每個人的分數。

但是，要輪流把30個人都叫來問一遍不僅非常累人，有的學生還可能根本不願意說。

至於第2種方法，是在知道「該考試的平均分數」的前提下，用「平均分×30人」求出全部30人的總得分。

這裡，我們試著用第2種方法來計算內能。

由於 n[mol]的氣體存在 nN_A 個分子，故

$$U=\frac{1}{2}m\overline{v^2}\times nN_A$$
$$=\frac{3}{2}k_BT\times nN_A$$
$$=\frac{3}{2}nk_BN_AT$$

由於上式中的k_B和N_A都是常數，故可整理成1個常數來處理。事實上，這個k_B和N_A的積就是氣體常數R。

最後則會得到下面的式子。

設 $k_BN_A=R$ 則

$U=\frac{3}{2}nRT$（單原子分子理想氣體的內能）

這個式子告訴我們：「到頭來，內能只由溫度T決定，是個與溫度T成正比的函數」。

換言之，**求「溫度T」就是求氣體分子的「動能」，繼而可以估算該氣體具有的「內能」**。

因此我們在測量氣體的「溫度T」時，就是在觀察它的「內能U」。

表達能量出入的「熱力學第一定律」

熱力學第一定律=能量出入

如同前述，熱是「能量」的其中一種型態。換言之，熱現象應該也可以回歸到「能量」的話題。所以，本節讓我們來思考看看，若給予某氣體熱量的話，氣體會如何使用這股熱量吧。

請看下圖。圖中是某個裝有活塞的容器（汽缸），容器內裝有理想氣體。從外部（用加熱器等）給予該氣體熱量Q_{in}。因為這是氣體得到的熱，故用in來表示。

圖 2-7 從外部給予氣體熱量

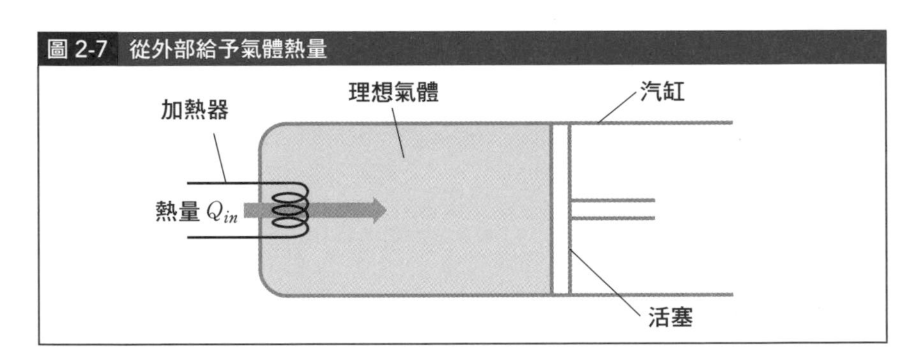

由於熱Q_{in}是「能量」，故可以再被轉換成其他能量。以氣體來說，提到能量首先會聯想到「內能」。如同前述，「內能」是氣體分子的動能總和，由此可推測氣體獲得的熱Q_{in}有一部分（或者全部）會轉換成增加的內能，這是其中一種可能性。此時，內能的增加量寫作ΔU。

但是，還有一種可能是氣體把得到的熱量Q_{in}用於「對外做功」。因為在得到熱量後，氣體獲得能量而變得活躍，會產生劇烈運動。而這會使氣體分子碰撞活塞的力量變強，也有可能將活塞迅速猛烈往外推。施加作用力，且物體發生位移，這正是力學功的概念。

綜合上述可知，氣體有可能把「得到的熱量 Q_{in}」轉換成「內能的增加量 ΔU」和「對外做功 W_{out}」（因為是氣體對外部做的功，故寫作 W_{out}）。數學式如下。

$$Q_{in}=\Delta U+W_{out}$$

這個公式稱為**「熱力學第一定律」**。儘管乍看有點難懂，但它表達的其實就是**「能量的出入」**，即能量的輸入和輸出關係罷了。氣體得到100[J]的熱量時，若把30[J]用於增加內能，那麼剩下的70[J]必定用於做功——就這麼簡單。打個比方，這就像是拿到30萬元的薪水（熱），把其中10萬元存起來（內能增加），剩下20萬元拿去購物（做功）。

圖 2-8　熱從內能轉換成「對外的做功」

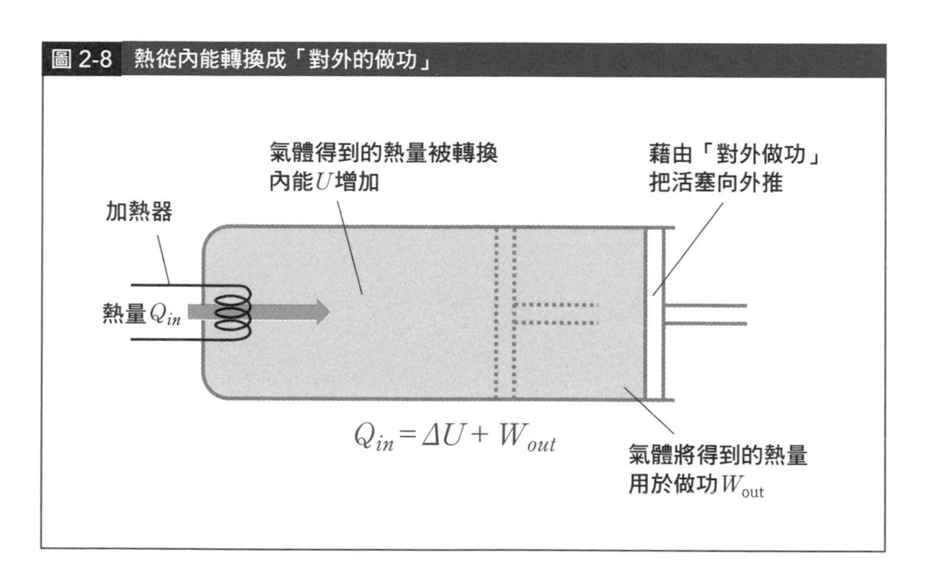

從P－V圖追蹤「氣體的變化」

縱軸是壓力P，橫軸是體積V

在科學的世界，為了使複雜的現象更容易理解，有時會利用圖表。而在追蹤氣體的變化時，則會頻繁用到被稱為$P-V$圖的圖表。$P-V$圖是以縱軸代表壓力P，橫軸代表體積V的座標圖。透過這張圖，我們可以立刻得知壓力P和體積V的值。基於狀態方程式$PV=nRT$的關係，$P-V$圖也可以在一定程度上告訴我們溫度T的訊息。首先，請看右上方的$P-V$圖。這張圖描述了A到B的狀態變化。請問，在此過程中氣體的溫度T是上升還是下降呢？

我們先想想看當溫度T維持不變時，$P-V$圖會是什麼樣子。

如右頁中間的圖所示，當溫度T不變時，$P-V$圖會呈現反比的圖形（又稱為雙曲線）。順帶一提，這個圖形的名稱為等溫線。換言之，跟狀態A相同溫度的氣體狀態，一定位在通過A的雙曲線上；跟狀態B相同溫度的氣體，則一定位在通過B的雙曲線上。

如此一來，即可推知**當溫度T較大時，PV＝定值中的定值也會變大，因此愈往圖形右上則溫度愈高**。所以我們可以馬上得知B的溫度比A更高。

不僅如此，氣體對外的「做功W_{out}」也可以用$P-V$圖求出。

這裡我們簡化情境，只思考壓力P固定不變時，截面積S的活塞移動L距離的情況。如右下的圖所示，若同時對照$P-V$圖，便能發現一件有趣的事實，那就是**$P-V$圖的面積正好是「氣體的做功W_{out}」**。

圖 2-9 $P-V$ 圖

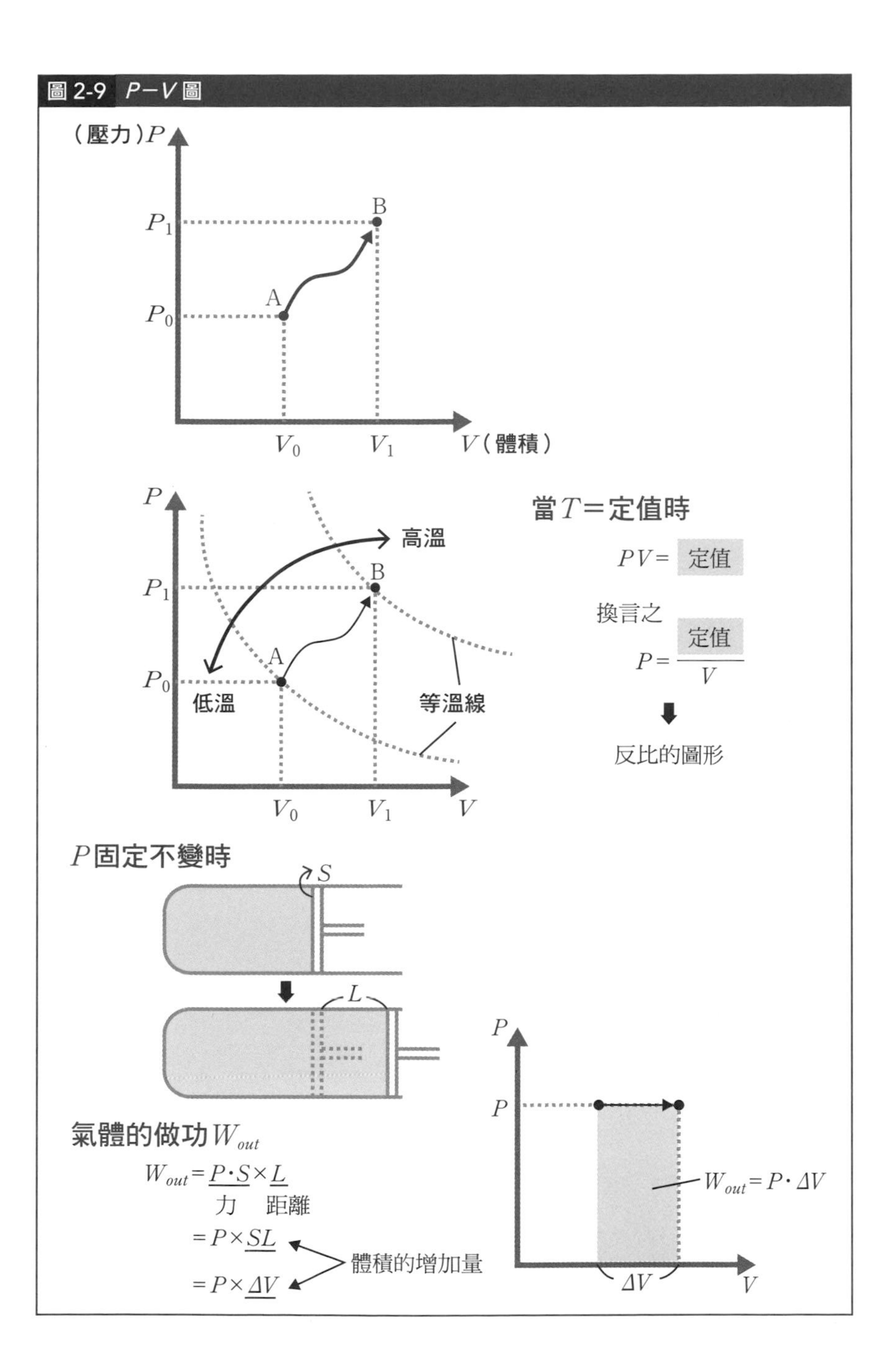

（壓力）P
B
A
P1
P0
V0
V1
V（體積）
P
高溫
低溫
等溫線
當T＝定值時
PV＝ 定值
換言之
P＝ 定值/V
反比的圖形
P固定不變時
S
L
氣體的做功 Wout
Wout＝P·S×L
力 距離
＝P×SL
＝P×ΔV
體積的增加量
Wout＝P·ΔV
ΔV
V

最具代表性的4種氣體變化過程

代表性的4種過程

氣體的變化過程有無限多種，但其中有4種特別具有代表性。

那就是**「等容過程」**、**「等壓過程」**、**「等溫過程」**、**「絕熱過程」**。

下面依序來看看這4種過程的狀態方程式、熱力學第一定律以及$P-V$圖吧。

氣體的變化①等容過程

圖 2-10 等容過程

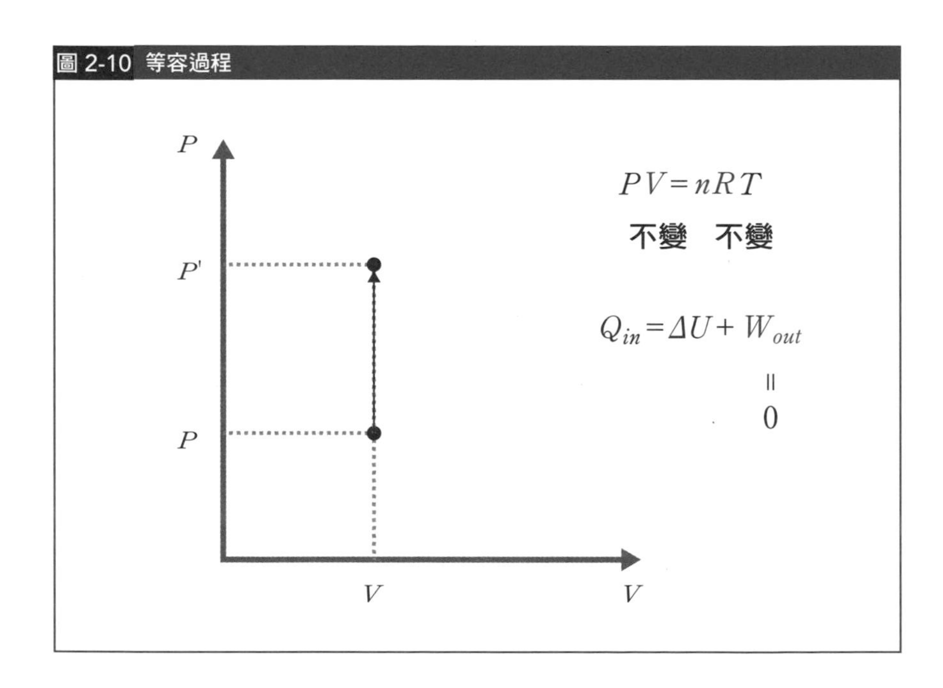

等容過程，指的是「體積不變的變化過程」。將前兩節提及的活塞固定

住，或是把氣體注入堅固的容器中，使其發生熱力學變化，既可輕易創造等容過程。

它的$P-V$圖如前一頁的圖2-10所示。

由於體積V不變，所以會畫出1條垂直的直線。當然，容積不發生變化，意味著氣體不會對外做功，沒有W_{out}。

再看看狀態方程式，由於體積不變，所以可以得知壓力P和溫度T是正比關係。

至於熱力學第一定律，一如剛剛說過的，由於做功W_{out}為0，所以得到的熱量Q_{in}將全部轉為內能，變成內能的增加量ΔU。

氣體的變化②等壓過程

圖 2-11 等壓過程

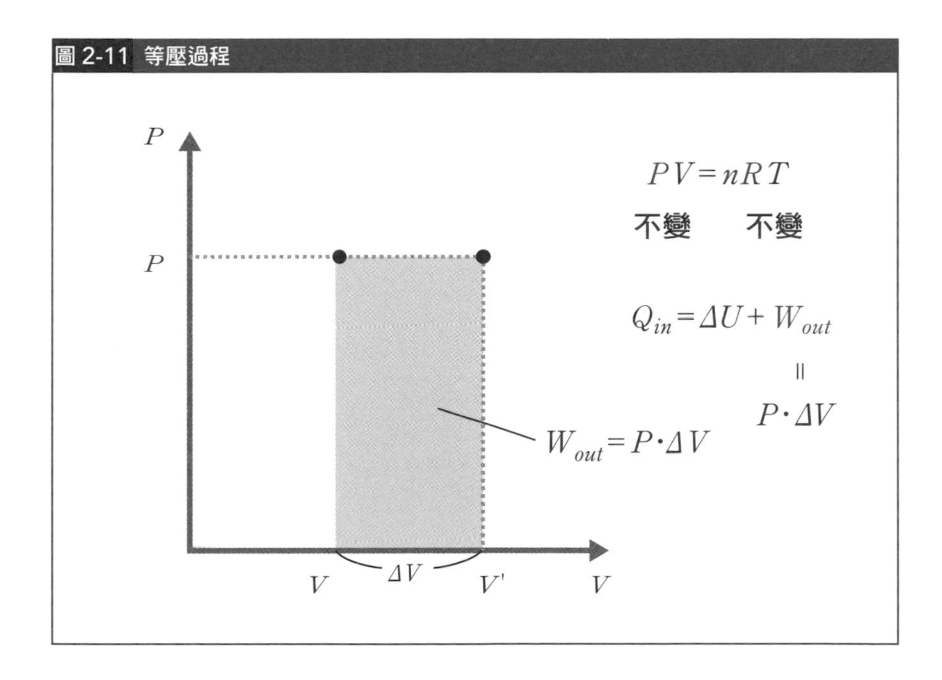

等壓過程，指的是「壓力不變的變化過程」。當活塞被氣體緩緩推動時，看到的就是等壓過程。

其$P-V$圖如上方的圖2-11。由於壓力P固定不變，所以圖形是1條水平的直線。

而容積當然有變化，故做功 W_{out}不為0。

而且，當壓力不變時，做功 W_{out}可用圖形面積$P\Delta V$求得，且根據狀態方程式，因壓力P固定不變，所以體積V和溫度T為正比關係。

至於熱力學第一定律，由於溫度並非固定不變，體積也不固定，所以得到的熱量Q_{in}既可用於內能的增加量ΔU，也可用於對外做功W_{out}。

氣體的變化③ 等溫過程

圖 2-12 等溫過程

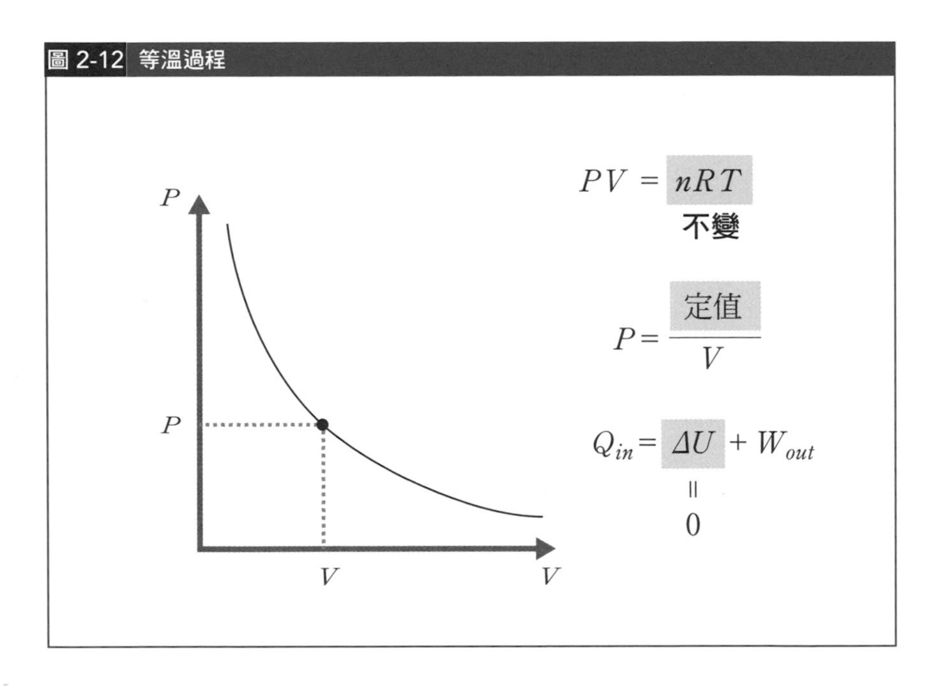

等溫過程，指的是「溫度不變的變化過程」。把氣體放在恆溫槽等溫度固定的容器中，使氣體發生熱力學變化時，看到的就是等溫過程。

其$P-V$圖如上方的圖2-12所示。這恰好就是前面說過的「等溫線」圖形。

換句話說，由於溫度固定不變，所以狀態方程式的壓力P和體積V成反比。

那麼熱力學第一定律是如何呢？溫度保持不變，代表內能U固定不變。

換言之，內能的增加量ΔU是0，得到的熱量Q_{in}全部被轉換成對外做功W_{out}。

氣體的變化④絕熱過程

最後，**絕熱過程是指「隔絕熱量交換的變化過程」**。亦即吸收的熱量為0的意思。這種過程可以在把氣體封入絕熱容器中，使其發生熱力學變化時觀測到。

我們用熱力學第一定律來看看什麼是絕熱過程。

在絕熱過程中，由於獲得的熱量Q_{in}為0，所以ΔU和W_{out}永遠是正負號相反的關係。換句話說，當ΔU是50[J]時，如果W_{out}不等於−50[J]，兩者相加就不會是0。

順帶一提，W_{out}的值為負數，意思是受到外部的做功，使容器的容積減少，也就是受到壓縮。所以絕熱過程可以用如下方式來表達。

《絕熱過程》

- 在絕熱狀態下壓縮（W_{out}為負值時）氣體，氣體的溫度會上升（ΔU為正值）
- 在絕熱狀態下使氣體膨脹（W_{out}為正值時）時，氣體的溫度會下降（ΔU為負值）

根據以上敘述，就可以畫出次頁的$P-V$圖。

圖 2-13 絕熱過程

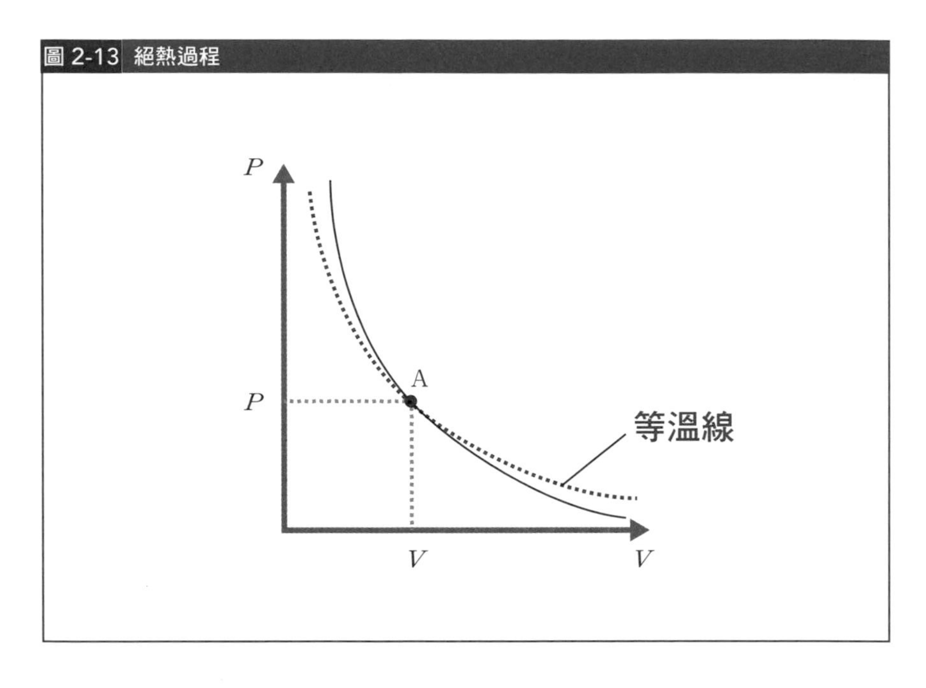

以A為基準來思考，虛線代表A的等溫線。

因為當體積變得比A更大時，溫度會下降，因此圖形在等溫線下方；而體積減少時溫度會上升，所以圖形會在等溫線的上方。

用「粒子的運動」來理解氣體的壓力

壓力P的考察

接著，我們來看看氣體產生的壓力P。

人類可以觀察到氣體擠壓容器壁的壓力，意味著壓力顯然屬於宏觀（macro）世界的資訊。而接下來我們要從氣體分子的活動，也就是微觀（micro）角度的運動，來思考「壓力」這個宏觀物理量產生的原因。這稱為**「氣體分子運動論」**。

請看下圖。在單邊長L的立方體容器中封入氣體（假設氣體是單原子分子理想氣體）。

圖 2-14 氣體分子運動論①

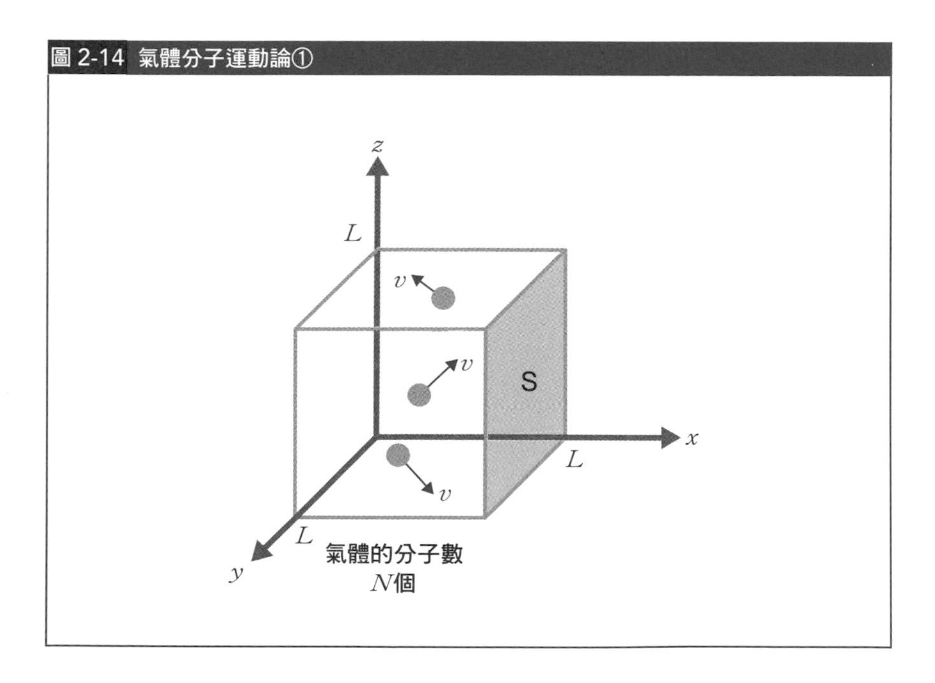

接著用氣體分子的運動來思考立方體內之氣體對牆壁S施加的壓力。

氣體分子運動論是用以下的「流程（故事）」來思考這件事的。

求單個分子對牆壁的衝量

⇩

考慮所有分子對牆壁的衝量，計算對牆壁的（平均）作用力

⇩

求氣體分子對牆壁的壓力P

首先，對於【單個分子對牆壁的衝量】，因為氣體分子只能在由x軸、y軸、z軸組成的3次元空間中的立方體容器內移動，所以分子的速度當然也具有x軸、y軸、z軸3個方向的分量。我們假設這3個分量分別是v_x、v_y、v_z。

然後如下圖所示，假設有**1個**質量m的氣體分子撞向x方向的牆壁S。氣體分子跟牆壁的碰撞可以視為「（完全）彈性碰撞」。換言之，「恢復係數$e=1$」。因此，由於牆壁在跟氣體分子碰撞前後的速度都是0，所以假設碰撞後的氣體分子速度為v'_x，根據恢復係數的定義式，可得$1=-\frac{v'_x-0}{v_x-0}$。也就是說，可變為$v'_x=-v_x$，代表氣體分子碰撞前後的速率大小不變，只有方向反轉。

圖 2-15　氣體分子運動論②

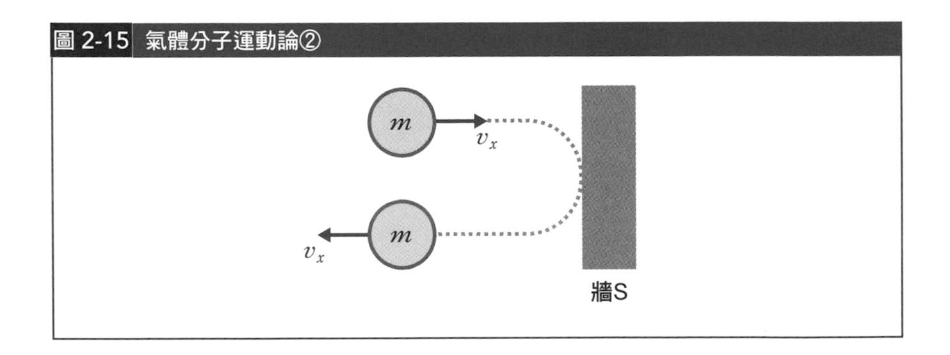

於是，根據「衝量和動量的關係」$mv_x+i=-mv_x$的數學式，可算出1

個這種氣體分子碰撞牆壁時所受的衝量i為$i=-2mv_x$。這代表氣體分子撞上牆壁時受到的衝量方向為負（朝向圖的左邊）、大小為$2mv_x$。

那麼在這次碰撞中，牆壁S所受的衝量又是多少呢？根據「作用力與反作用力定律」，答案當然就是$+2mv_x$（方向朝右、大小為$2mv_x$）。

由於不論碰撞牆壁多少次，氣體分子x方向的速度永遠是v_x，所以t[s]間前進的距離也是$v_x t$。這個氣體分子要再次撞上牆壁S，必須前進L後再退後L，亦即往返一次，一共需要行進$2L$的距離。

因此，由於每往x方向前進$2L$的距離就會撞上牆壁S一次，故在t[s]間一共會撞上$v_x t\div 2L=\frac{v_x t}{2L}$次（如果總共前進10[m]，且每走2m就會撞牆一次，那麼總共會撞上10÷2=5次）。根據以上敘述，我們可以算出1個這種氣體分子在t[s]間對牆壁S的衝量是：

$$2mv_x\times\frac{v_x t}{2L}=\frac{mv_x^2}{L}t$$

到這裡，【求單個分子對牆的衝量】的步驟就結束了。接著進入【考慮所有分子對牆壁的衝量，計算對牆壁的（平均）作用力】的步驟。

圖 2-16 氣體分子運動論③

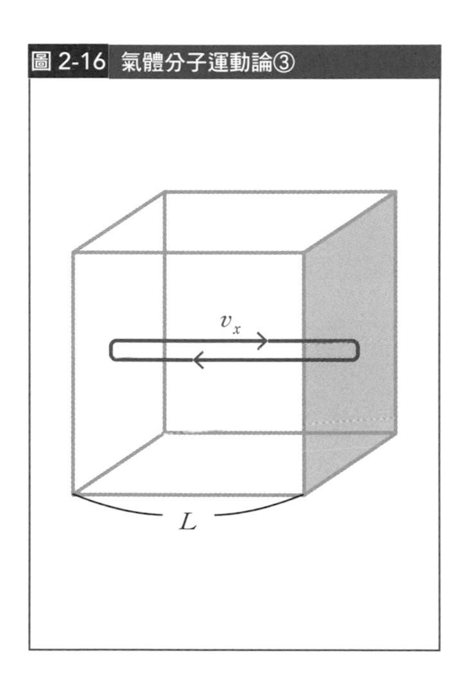

已知1個氣體分子對牆壁S的衝量是$\frac{mv_x^2}{L}t$。那麼，所有分子（N個）在t[s]間對牆壁S的衝量該怎麼算呢？當然，每個分子的x方向速度v_x都不一樣，所以不能單純地把$\frac{mv_x^2}{L}t$乘以N倍。

因此，這裡再次借用在計算「內能」時也用過的「利用平均值求總和」的概念。假設氣體分子的

x方向速度v_x的平方，即v_x^2的平均值是（$\overline{v_x^2}$），則所有分子（N個）在t[s]間對牆壁S的衝量可以寫成$\frac{m\overline{v_x^2}}{L}t \times N = N\frac{m\overline{v_x^2}}{L}t$。

在「熱力學」這章的開頭，我們說過「熱力學」是「牛頓力學」和「機率統計論」的結合。所以，這裡要利用「機率統計論」的一個入門概念。現在，雖然立方體內的氣體分子是隨機朝x軸、y軸、z軸亂飛，但其實空間本身具有「均勻和等向」的性質。簡單來說，就是「宇宙空間不存在特定位置和特定方向」的意思。換言之，我們可以認為在x方向上發生的現象，也會均勻地發生在y方向和z方向上。

根據以上性質，我們可以認為氣體分子朝各方向的平均速度應該是相等的，故$\overline{v_x^2} = \overline{v_y^2} = \overline{v_z^2}$。同時如左下圖所示，假設氣體分子的速度為$v$，各方向的分量就是$v_x$、$v_y$、$v_z$，於是根據畢氏定理，三者存在$v^2 = v_x^2 + v_y^2 + v_z^2$的關係。

由$\overline{v_x^2} = \overline{v_y^2} = \overline{v_z^2}$和$v^2 = v_x^2 + v_y^2 + v_z^2$這2式可得$\overline{v^2} = \overline{v_x^2} + \overline{v_x^2} + \overline{v_x^2}$，換言之，可導出$\overline{v_x^2} = \frac{1}{3}\overline{v^2}$的關係。由此可知，剛剛求出的所有分子（$N$個）在$t$[s]間對牆壁S的衝量$N\frac{m\overline{v_x^2}}{L}t$，可以表示成$N\frac{m\overline{v^2}}{3L}t$。

圖 2-17 氣體分子運動論④

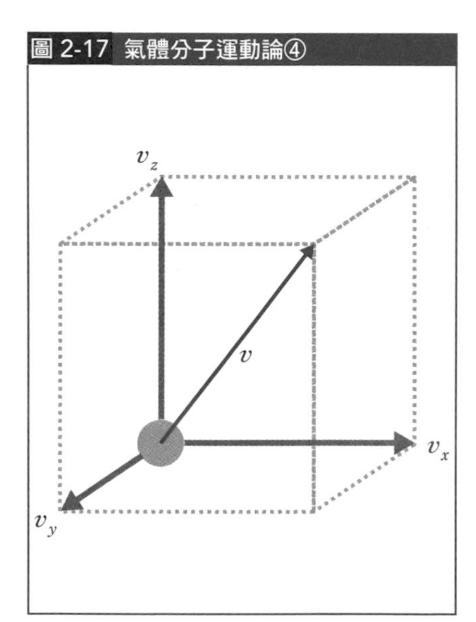

衝量是具有「力的時間總和」意義的物理量。想計算某班級的考試平均分數時，可以用總分數除以班級人數。同理，想知道「（每單位時間的）平均力量」，只需要用「力的時間總和」除以「時間」即可。在此情境中，氣體分子在t[s]間的「時間」內產生了$N\frac{m\overline{v^2}}{3L}t$的衝量，即「力的時間總和」，故牆壁S所受的「平均力量F」就是$F=N\frac{m\overline{v^2}}{3L}t\div t=N\frac{m\overline{v^2}}{3L}$。到此為止，【考慮所有分子對牆壁的衝量，計算對牆壁的（平均）作用力】這個步驟就結束了。

那麼，終於到了最後一個階段，來看看【求氣體分子對牆壁的壓力P】的步驟吧。「壓力」就是「每單位面積（1[m^2]）產生的作用力」，所以想知道某種氣體在某個面上產生多少壓力，只需要用氣體在該面產生的作用力除以該面的面積即可。因此，考慮到牆壁S是面積L^2[m^2]的正方形，且氣體在牆壁S上的平均作用力是$F=N\frac{m\overline{v^2}}{3L}$，故氣體對牆壁S產生的壓力$P$為：

$$P=N\frac{m\overline{v^2}}{3L}\div L^2=N\frac{m\overline{v^2}}{3L^3}$$

然後，因為式中的L^3可以想成封入氣體分子的立方體容器的容積$V=L^3$，故「壓力P」的最終表達方式如下：

$$P=N\frac{m\overline{v^2}}{3V}$$

根據這個結果，我們可以認識到以下3件事：

- **氣體分子數N愈多，則壓力愈大**
- **氣體分子的平均速度的平方$\overline{v^2}$愈大，則壓力愈大**
- **容器的體積V愈小，則壓力愈大**

以上就是「氣體分子運動論」的內容。另外，若是比較「氣體分子運動論」的結果和在實驗中發現的「理想氣體狀態方程式」，還可以導出某件事實。

根據「氣體分子運動論」，可知$P=N\frac{m\overline{v^2}}{3V}$，換言之$PV=N\frac{m\overline{v^2}}{3}$。此外，根據「理想」氣體狀態方程式，可知$PV=nRT$。由此2式可得$N\frac{m\overline{v^2}}{3}=nRT$。移項後得到$m\overline{v^2}=3\frac{n}{N}RT$。其中，因為mol數$n$可以使用亞佛加厥常數$N_A$換成$n=\frac{N}{N_A}$，故此式可以變形成下面的模樣。

$$m\overline{v^2}=3\frac{R}{N_A}T$$

因等號左邊是$m\overline{v^2}$，感覺可以再變成動能的平均值$\frac{1}{2}m\overline{v^2}$的形式。因此，將$m\overline{v^2}=3\frac{R}{N_A}T$的等號兩邊同乘以$\frac{1}{2}$，就會得到以下算式。

$$\frac{1}{2}m\overline{v^2}=\frac{3}{2}\frac{R}{N_A}T$$

氣體常數R是波茲曼常數k_B和亞佛加厥常數N_A的積，這也就代表說$R=k_BN_A$，故上面的式子可以再整理成下面的模樣。

$$\frac{1}{2}m\overline{v^2}=\frac{3}{2}k_BT$$

而這個等式我們已經在「絕對溫度T的定義」介紹過了。其實在歷史上，$\frac{1}{2}m\overline{v^2}=\frac{3}{2}k_BT$正是科學家比較「氣體分子運動論」和「理想氣體狀態方程式」後推導出來的。

第3章

波動

將波的現象理解為「微小粒子運動」的波動現象

波是「粒子（介質）」的振動

說到「波」，相信很多人會聯想到水面的波紋。

因此，可能有人會以為波動這個主題跟先前講解的力學和熱力學，是完全不同的物理現象。但波動基本上可以用跟力學和熱力學相同的框架來理解。

首先，波動處理的對象是「波」，但這個波不只是水波。

繩子的振動、琴弦和聲音的振動等等，其實都是波動現象。

從微觀角度觀察這些現象，會發現它們都是「粒子（介質）」的振動依特定時間差接棒傳遞的現象。

換言之，**波這種現象也可以用力學的觀點，解釋成一個個微小粒子（力學粒子）的運動**。

以前的科學家們，曾以為「電磁波（光）」是跟水波、繩子、琴弦、聲音是一樣的波動現象，嘗試用力學途徑去解釋；但在研究之後，才發現「電磁波（光）」有著截然不同的發生原理。

因此，「電磁波（光）」跟「力學的波動」不一樣，必須引入「場」的概念來解釋，並獨立為本書第4章將要介紹的「電磁學」。

第3章 【波動】的概覽圖

波現象

波是「粒子振動」產生的現象

波的種類／特徵／基本公式

波動的基本

波分為「力學波動」和「電磁波（光）」兩大類

波與波相撞會發生什麼？①

反射波

依交界點的介質狀態，可大致分成「自由端反射」和「固定端反射」2種

波與波相撞會發生什麼？②

駐波

- 自然振動
  - 弦的振動
  - 氣柱的振動

空氣中的聲音振動

都卜勒效應

因「分子振動」產生的波動現象

「波動」的定義

其實，我們的生活中到處都存在著「波」。

大多數人腦海中最一開始想到的，應該是大海和泡澡時可見的「水波（水面波）」吧。但除此之外，還有「音波」、「地震」、射入我們眼睛的「光」、廣播電台播送的「電波（雖然它其實就是光……）」等許許多多的「波動現象」。

只要仔細審視自己的日常生活，相信你就會發現我們無時無刻不被波所圍繞。

波在物理學上的定義如下。

> 波，為介質的振動在空間中傳遞的現象

上面這句話，濃縮了「波」的一切。

這裡特別要強調的一點是，**「波」不是某種「物體」，而是一種「現象」**。

所謂的波，是「某些粒子」的振動依特定的時間差往某方向傳遞，然後被人類觀測到的「現象」。

這裡的「某些粒子」一般俗稱為**「介質」**，而振動的傳遞則稱為**「傳播」**。

以下我們用具體的例子，看看到底什麼是波。

首先準備1條繩子，然後把繩子的右端固定在牆壁上，用手抓住左端上下甩動1次。這時會發生什麼事呢？

圖 3-1 繩子的波

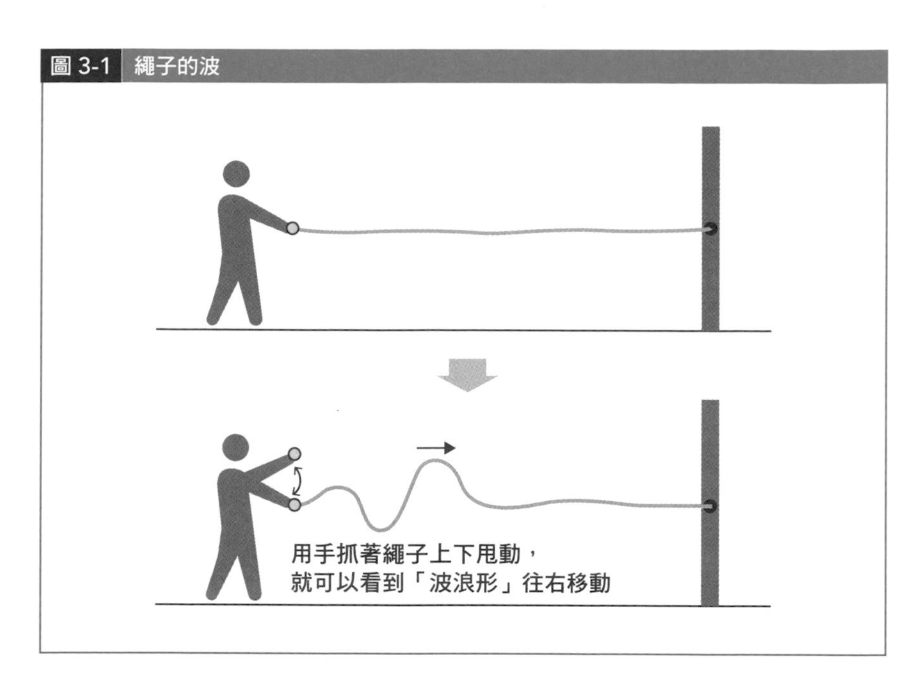

我相信，你會看到1個「波浪形」朝右邊移動。接著，讓我們從「微觀角度」想想為什麼會出現這個現象。

像繩子這類力學性物體，皆是由「原子和分子」組成。這些分子在「分子間作用力」的作用下互相吸引，組成了物體的形狀。

假如上下甩動1次組成繩子的分子中最左端的那個分子，它隔壁的分子也會被分子間作用力拉扯，跟著上下甩動1次。

此時，理所當然地，這2個分子上下搖擺的時間應該會有些許差異。同時，第2個分子旁邊的分子也會在短暫延遲後跟著振動1次。這種連鎖現象，就是「波動現象」的真面目。

換言之，**實際在運動的是一個個的粒子「介質」，因為它們的振動存在些許時間差，所以在我們看起來就像是「波在前進」**（在甩繩子的情境中，介質就是繩子的組成分子）。

「波動現象」可分為兩大類

波可以分成兩大類

「波動現象」有以下2個大類。

1. 力學波動
2. 電磁波（光）

首先，「力學波動」一如其名，是指「原子和分子」等「力學介質」在空間中傳遞產生的波。代表性的例子有前一頁圖中舉例的繩子振動，以及琴弦、聲音的振動和地震等等。

至於第2種的「電磁波」，其實用更廣義的解釋，就是我們常說的「光」。

在前者，即力學波動中，波動的原因是「力學粒子（組成繩子或聲音的粒子）」的振動。因此，過去的科學家們理所當然地假設「光」也存在「某種『力學介質』」，嘗試用相同方法去理解光的現象，並將光的介質稱為「以太」。

然而，在做了各種各樣的實驗後，科學家們還是無法找到「以太」的存在。

於是，科學家們才終於意識到「力學波動」和「電磁波（光）」的發生原理並不相同。

直接從結論來說（之後會在電磁學的章節詳述），現代物理學將「光」理解為「空間」的性質，即「電場」和「磁場」這種「空間具有之性質」的振動現象。

依「振動方向」分類波

2種振動方向

在前一節，我們說到「波動」可以分成「力學波動」和「電磁波」2個大類，除此之外其實還有另一種分類方法。

那就是**「橫波」**和**「縱波」**。

橫波

波的行進方向跟介質的行進方向為正交（垂直）關係的波，稱為「橫波」。常見的橫波有「繩子或琴弦的振動」、「地震的S波」、「電磁波」等等。

圖 3-2 橫波與縱波

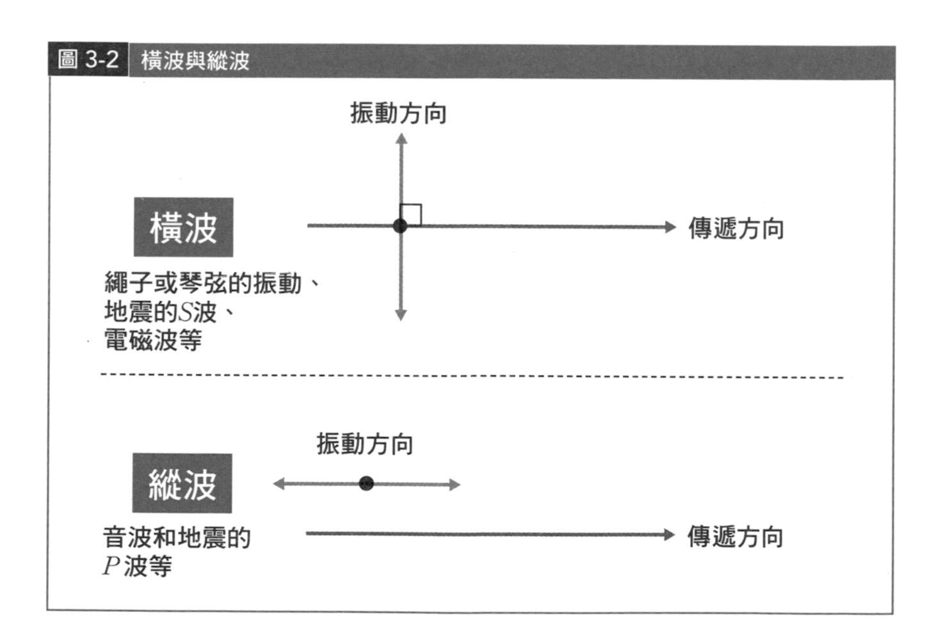

縱波

另一種是縱波，即波的行進方向跟介質的行進方向相同的波。常見的縱波有「音波」和「地震的P波」等。

下圖以螺旋彈簧為例，來看看「橫波」和「縱波」的概念吧。

圖 3-3 螺旋彈簧

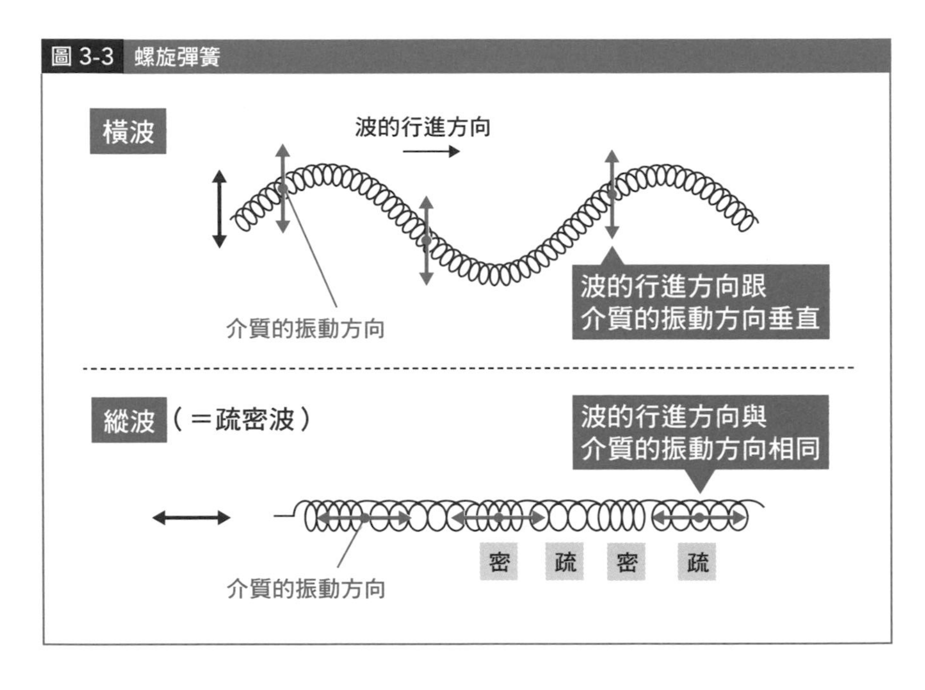

順帶一提，「縱波」的介質間距會交互呈現緊密（密）和疏鬆（疏）的狀態，所以又稱為「疏密波」。

描述波特徵的6個物理量

描述波特徵的物理量

接著，來看看波有哪些最基本的「物理量」吧。

科學的最終表現是「數學式」。

而「波動」也不例外。

雖說是「波的數學表現」，但這裡為了方便大家理解，我們簡化情境，只用「振動（＝簡諧運動）往前傳播（＝等速移動）的單純波」當例子。

描述波特徵的物理量有以下6種。

圖 3-4　描述波特徵的6種物理量

❶振幅A	介質的最大位移。
❷角頻率ω	每單位時間的角度（相位）變化。
❸週期T	介質振動一次所需的時間。
❹頻率f	每單位時間的介質振動次數。 換言之，即1秒內通過的波個數。
❺波長λ	單個波的長度。
❻波速v	

其中，①～④都是前面的「簡諧運動」和「圓周運動」中出現過的名

詞。所以雖然有6個，但大家不需要害怕（②的角頻率就是「角速度」的意思）。

換言之，只有⑤和⑥是新出現的概念，而且它們都非常簡單。這兩者都可以從直接字面上理解。⑤是「波長」，也就是**波的長度**，常用希臘字母λ表示。⑥則是波移動時的移動速度v，就這樣而已。只要記得「波是簡諧運動的傳遞現象」這句話，就能理解一切。

此時，可能有人已經對「波」產生誤解。「波」不是「物體」，而是「振動傳遞的現象」，請牢牢記住這件事。而這種「傳遞的振動」，絕大多數都屬於最簡單的「簡諧運動」。

換句話說，大家都在力學的章節學過「簡諧運動」，因此早就已經學會波一半左右的內容了。

圖 3-5 波動

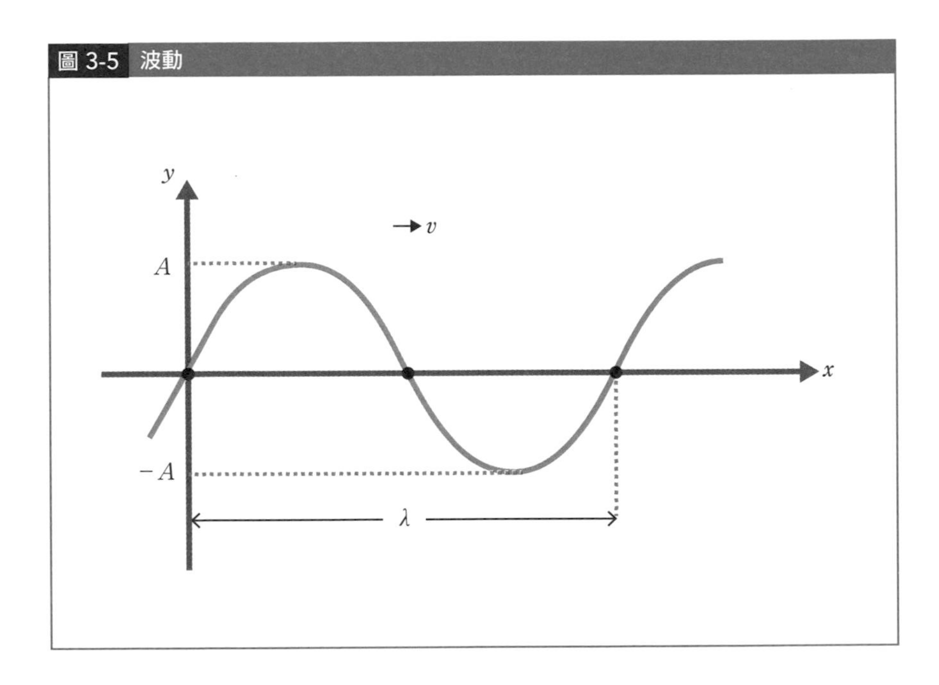

用數學式表達波動現象的「波的基本公式」

「波的基本公式」非常簡單

本節要來看看處理「波動現象」時經常用到的「波的基本公式」。

現在，假設有個「等速移動的波」。當此波以週期 T[s]移動時，其距離正好會等於該波的波長 λ。也就是說，基於等速運動的原則，即 $\lambda = vT$。在第1章力學的「等速圓周運動」一節，我們說過週期和頻率是倒數關係，即 $T = \frac{1}{f}$。根據以上訊息，可以導出 $v = f\lambda$。

舉個簡單的例子，就是下面這個 $f=2$ 的波圖。

圖 3-6 波的基本公式示意

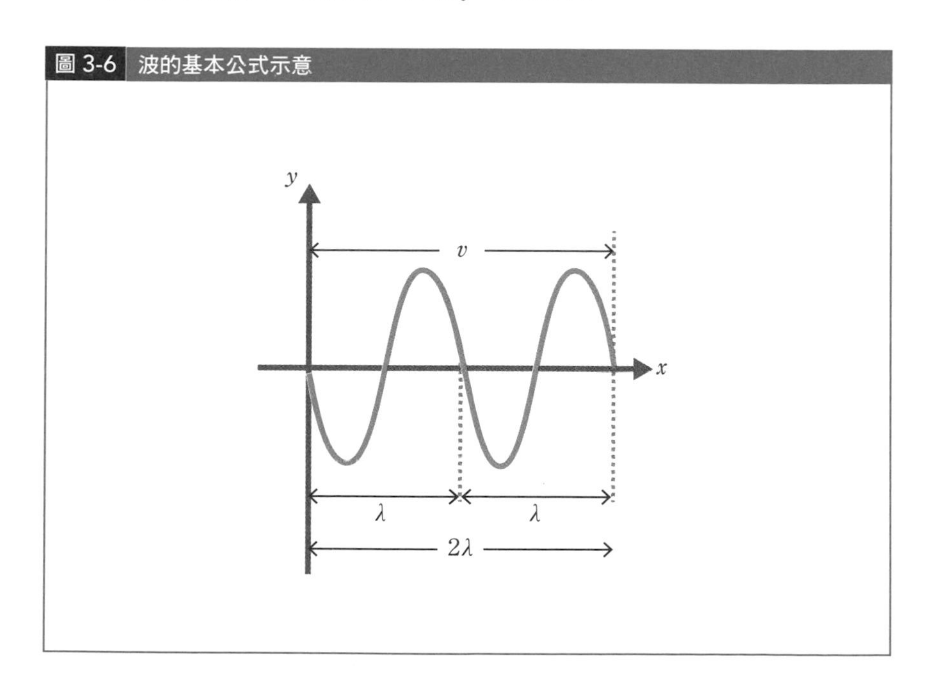

波與波相撞會怎麼樣？

波的疊加

當2個物體朝彼此移動時，最終會發生「碰撞」，這點我們在「動量守恆定律」一節說明過。

那麼，若2個波朝彼此前進，又會發生什麼事呢？本節我們就來看看這問題。當波相撞時，很神奇地，會像下圖一樣變成高度等於原本2個波相加的1個新波。

圖 3-7　疊加

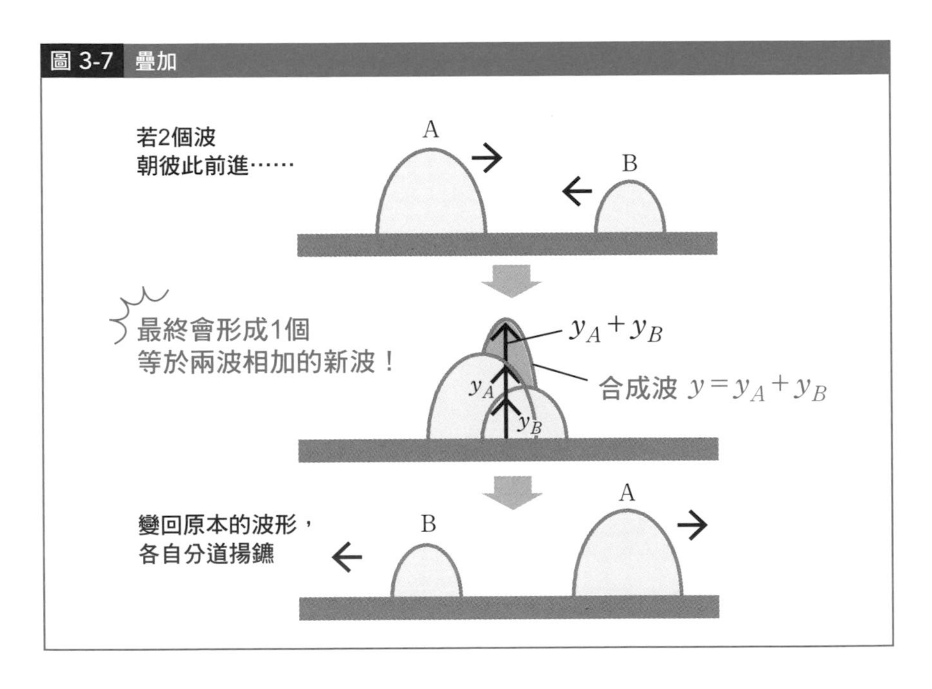

這就被稱為**「波的疊加原理」**。這個時候合體後的波稱為**「合成波」**。

反射波

一般來說，波具有在碰到不同介質的交界處時，會發生「反射」的性質。而反射出來的波稱為**「反射波」**。

基本上，**反射波就是「本來應該直接通過，卻被反彈回去的入射波」**。而依照交界點的介質狀態，又分成**「自由端反射」**和**「固定端反射」**兩大類。

反射波①自由端反射

自由端的「端」指的是「端點」，即介質的交界點。故「自由端」一如其名，即**「交界點的介質可以自由移動」**之意。此時的反射狀態可以用**「將原本應直接通過的入射波沿著反射面對折」**畫出。

下圖介紹的是「自由端反射」，以及此時的入射波和反射波的「合成波」（合成波是有顏色的粗線）。

圖 3-8 自由端反射

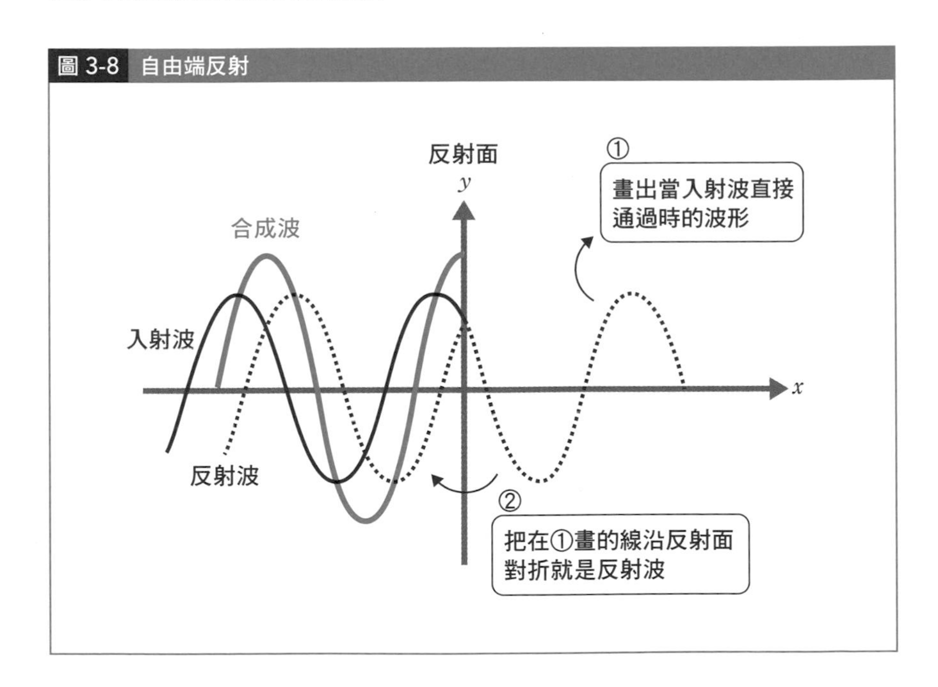

反射波②固定端反射

接著是「固定端反射」。所謂的固定端，指的是「端點位置固定」，即**「交界點的介質被固定住」**的意思。

固定端反射的反射圖畫法，不是直接將通過交界面的入射波沿交界面對折，而是「將波的位移（y座標）正負號反過來後再對折」。下圖介紹的是「固定端反射」，以及此時的入射波和反射波的「合成波」（合成波是有顏色的粗線）。

圖 3-9 固定端反射

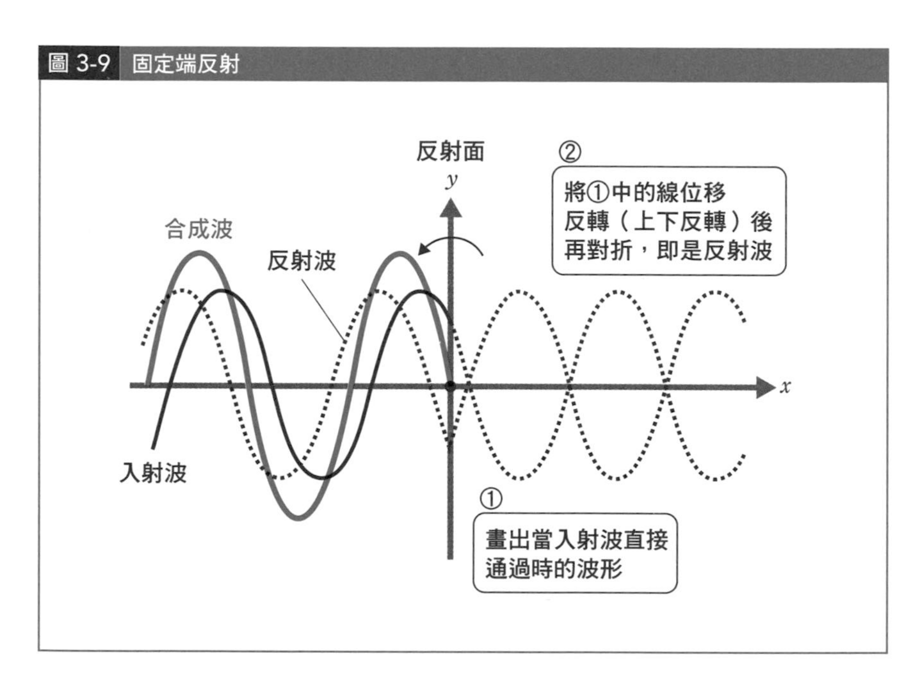

因為交界點被「固定」住，所以合成波的交界點位移會是「0」（順帶一提，反射的最常見例子是「光反射」。我們能看見東西，就是因為光照到物體後再反射進我們的眼睛。現在各位能閱讀這本書，也是因為有電燈的光照到書頁後，再反射進各位的眼睛）。

由2個方向相反但波形相同的波形成的「駐波」

同波形的波相會時產生的波

當有2個波長、振幅、速度都相等的波面對面朝彼此行進時，它們的合成波將變成被稱為**「駐波」**的特殊波。基本上，只要記得完全相同的兩波逆向相會時會形成「駐波」就行了。

所謂的駐波，是種「看起來好像只是在原地振動，完全沒有移動的波」。

請看下圖。

圖 3-10 駐波

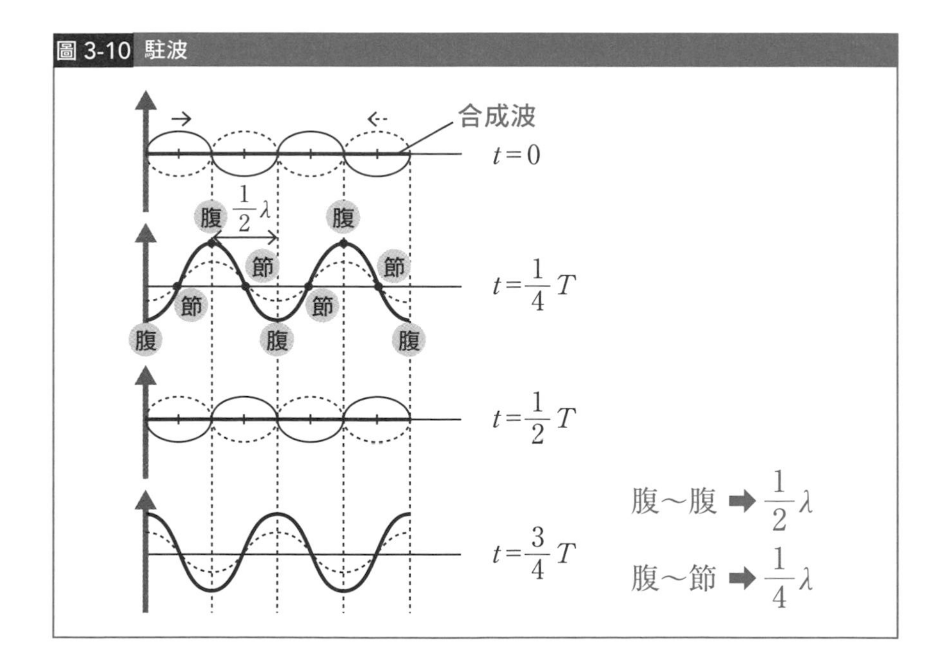

請仔細觀察前一頁的圖中，在不同時間下，即$t=0$、$\frac{1}{4}T$、$\frac{1}{2}T$、$\frac{3}{4}T$時的情況。

觀察後可以發現，這4個合成波（粗線）都沒有朝左右方向行進，而是在同一位置反覆上下振動。這就是「駐波」。

順帶一提，圖中振幅最大的位置稱為**「波腹」**，而完全沒有振動的位置稱為**「波節」**。

由前一頁的圖可以看出，「波腹」和「波節」一定是交錯排列。

入射波和反射波的合成波=駐波

此外，還有一個重要的事實。

要分別創造2個波長、振幅、頻率完全相同的波，還得讓它們朝彼此前進，並不像嘴巴說的那麼容易。

然而，自然界中有種現象卻能輕易創造出這個情境。

那就是**「反射」**。

「反射」可大致分為**「自由端反射」**和**「固定端反射」**2個種類。而且這2種反射的反射波，波長、振幅、頻率都會跟入射波相同。

這句話的意思是：**「入射波和反射波的合成波一定會是駐波」**。

宇宙萬物都有的振動

物體固有的振動

「自然振動」，簡單來說就是樂器的振動。

我在高中的時候曾參加輕音樂社，跟朋友一起組過樂團，並擔任鼓手。鼓這種樂器，是藉由鼓棒敲打俗稱鼓皮的鼓面部分使之振動，發出聲音。

鼓也跟其他樂器一樣需要調音，但不是調整Do Re Mi的音準，而是調整鼓皮的張力，按自己的喜好調整音色。

然而，單憑1個鼓無法敲出所有音色。

所以1組鼓會由高音鼓、低音鼓等4、5個不同的鼓組成。

換言之，力學物體能發出的聲音振動（即音色高低）是固定不變的。而每種物體自帶的振動頻率，即該物體天生固有的振動頻率，就稱為**「自然頻率」**。

力學物體全都擁有自己的「自然頻率」。而「樂器」就是巧妙利用物體的自然振動來發聲演奏的工具。

要用數學去計算鼓面產生的二次元振動非常困難，因此以下我們只討論吉他等弦樂器的「弦振動」，以及單簧管和直笛等管樂器的「氣柱振動」等可以完全用一次元分析的振動。

計算在弦上傳遞的波的振動

弦的振動

首先說明的是「弦的振動」。假設有一長度為l，且兩端有節的弦，在其所有可能的波形中，波長最長的波形會是下圖的駐波。

圖 3-11 弦的基本振動

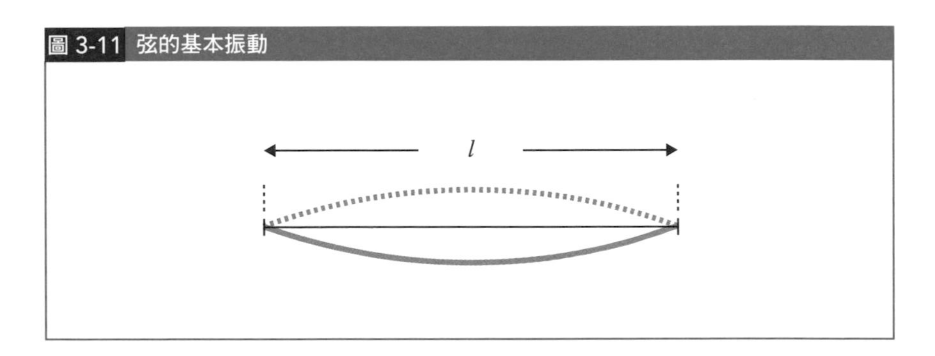

此時，由於弦長l中是半個波長的波，故假設波長為λ_1，則以下等式成立。

$$l=\frac{\lambda_1}{2}\times1$$

這裡刻意將$\frac{\lambda_1}{2}$乘以1。這個波長最長的自然振動波稱為**「基本振動」**。

而波長第二長的波是下一頁上方的圖。

這次，因為弦長l中放入的是1個完整的波長，所以$l=\lambda_2$。但我們刻意把數學式寫成下面的樣子。

$$l = \frac{\lambda_2}{2} \times 2$$

圖 3-12 弦的2倍振動

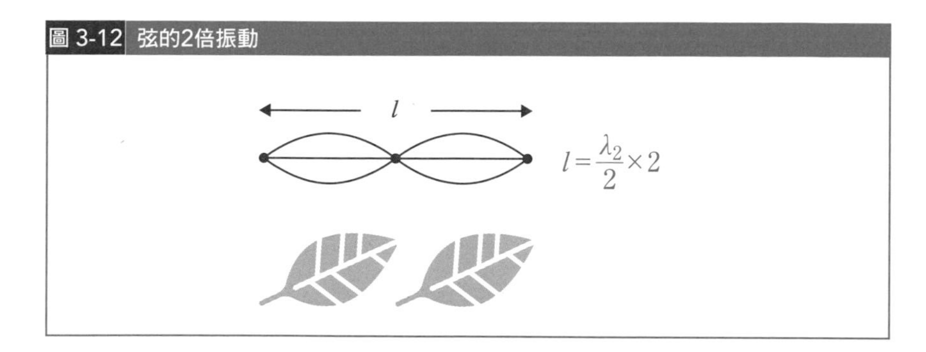

為方便一眼就能看出由基本振動產生的波形數，我們才刻意這樣寫。若把基本振動產生的波形比喻成為葉子，那麼上圖的振動就相當於2片葉子。因為是基本振動產生之振動波形的2倍，故稱為「2倍振動」。其下還有「3倍振動」、「4倍振動」等等以整數倍遞增。

那麼，n倍振動時的波形會變成什麼樣子呢？答案是下面這樣。

圖 3-13 弦的n倍振動

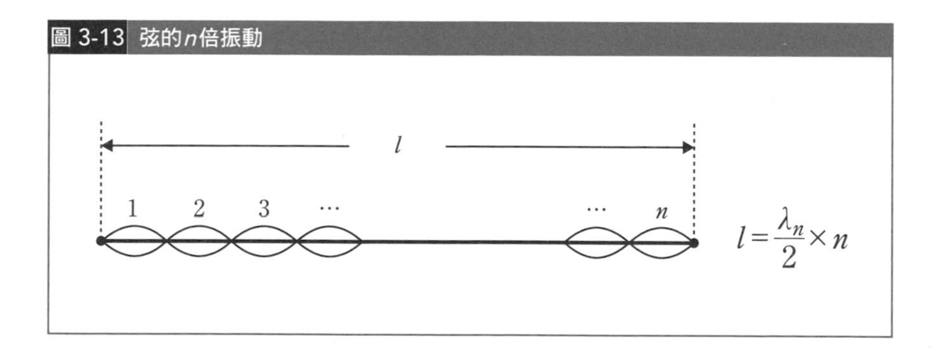

n倍振動時，弦長l與λ的關係式如下。

$$l = \frac{\lambda_n}{2} \times n$$

把基本振動當成1片葉子，那n倍振動就是放入n片基本振動的葉子。

接著，再來想想看頻率f會是什麼關係。根據基本振動中l和λ的關係式，可得到$\lambda_1=2l$的關係。若假設在弦上傳播的波速為v，則基本振動的頻率f_1可表達如下。

$$f_1=\frac{v}{\lambda_1}=\frac{v}{2l}$$

n倍振動時的頻率f_n也是同理，即下面這樣。

$$f_n=\frac{v}{\lambda_n}=\frac{nv}{2l}=nf_1$$

由此可知，n倍振動時的頻率就是基本振動乘以n倍。

弦上傳播的波速

關於波在弦上傳遞的速度，已知存在以下關係式。

$$v=\sqrt{\frac{T}{\rho}}$$

T是弦的張力，ρ（rho）是線密度，即每1[m]的弦質量。雖然證明很難，但意義卻很簡單。若無視$\sqrt{\ }$的部分，則因為v和張力T成正比，跟線密度ρ成反比，故翻譯成白話便是「弦愈重則波速愈慢，拉愈緊則波速愈快」。因此，n倍振動的數學式如下。

$$f_n=\frac{n}{2l}\sqrt{\frac{T}{\rho}}$$

通常音波的頻率高就是高音，頻率低則是低音。所以，比如想提高弦樂器的音高時，可以使用**「縮短弦長」、「換成細弦（使ρ變小）」、「加強張力T（拉緊＝調音）」**等等方法。

管中的空氣分子振動稱為「氣柱振動」

氣柱的振動

本節來看自然振動的另一個例子，即「氣柱振動」。

雖然本節我們討論的是管樂器，但即使不是樂器，比如用嘴巴對空瓶口吹氣時，也能發出嗚嗚的聲響。這就是**「氣柱振動」**。換言之，以筒或管中的空氣分子當介質的振動，都屬於氣柱振動。

氣柱的振動主要分為**「一邊閉管一邊開管的類型（又直接簡稱閉管）」**和**「兩邊都開管的類型（又直接簡稱開管）」**2種。

閉管就是「有管蓋」，而開管是「沒有管蓋」的意思。

一般來說，閉管側的管蓋部分稱為「管底」，開管側開放的部分稱為「管口」。

而這裡的重點是，「管底」附近的空氣分子會被固定住，而「管口」附近的空氣分子則是可以自由移動的狀態。

換言之在氣柱振動中，可以想成波會在「管底做固定端反射，管口做自由端反射」。換句話說，氣柱的振動就是「管底是波節，管口是波腹」的駐波。

閉管型空氣柱

跟弦的振動相同，首先要認識氣柱振動的「基本振動」波形。

1個波節在管底、波腹在管口的駐波，其波長最長的波形會是什麼樣子呢？

答案如下一頁的圖。

圖 3-14 氣柱振動1

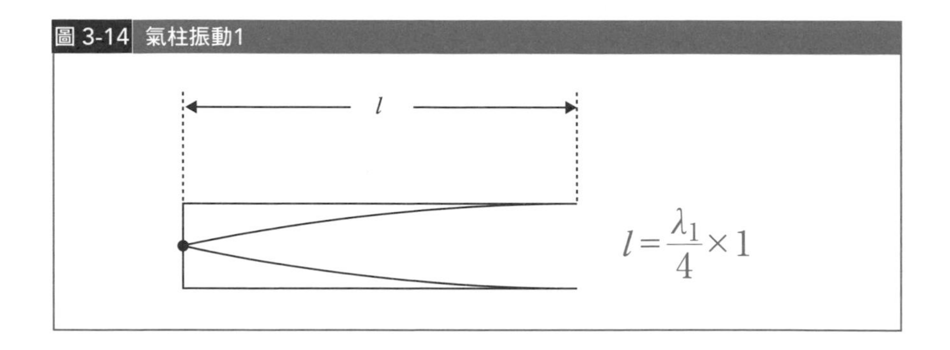

這就是氣柱的基本振動。

觀察波的形狀，可看出管中是個$\frac{1}{4}$波長。此時，管長l和波長λ_1的關係是$l=\frac{\lambda_1}{4}\times 1$。

而波長次於基本振動的駐波則如下圖。

圖 3-15 氣柱振動2

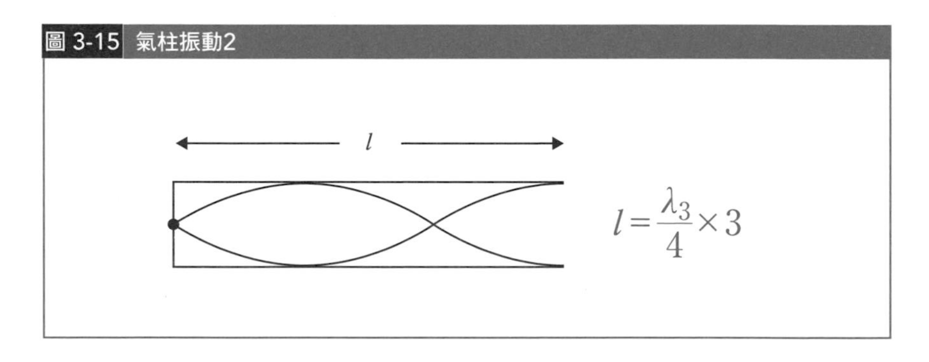

上圖總共包含了3個基本振動產生的波形。因此，這是「3倍振動」。

其實，「閉管型空氣柱」只會出現「奇數倍振動」。換言之，「3倍振動」之後會是「5倍振動」，再下去則是「7倍振動」。

我們再來看一次「3倍振動」。

此時的波長λ_3和管長l的關係式是$l=\frac{\lambda_3}{4}\times 3$。這個式子其實只是在描述「裡面裝了3個可由基本振動產生的$\frac{1}{4}$波長」這件事而已。

然後我們再把這個式子一般化，思考一下（$2n-1$）倍振動的情況。

當然，（$2n-1$）一定會是「奇數」。

用圖來說明，理論上會是下面這樣。

圖 3-16 氣柱振動3

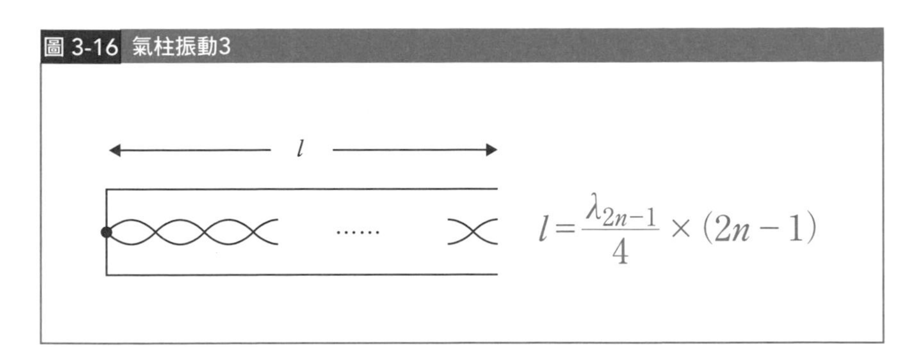

此時的l和波長λ_{2n-1}的關係式是$l=\frac{\lambda_{2n-1}}{4}\times(2n-1)$。

接著再來看看它的頻率吧。

根據上式，可知波長為$\lambda_{2n-1}=\frac{4l}{(2n-1)}$。

由以上可知，假設氣柱內產生的音波波速為V，則其頻率f_{2n-1}如下。

$$f_{2n-1}=\frac{V}{\lambda_{2n-1}}=\frac{V(2n-1)}{4l}$$

開管型空氣柱

開管型空氣柱的波形如次頁的圖所示。

因為兩端都有開口，所以會形成1個兩端都有「波腹」的駐波。

由此可知，「開管型空氣柱」中的振動跟弦的振動一樣，都會是整數倍振動。

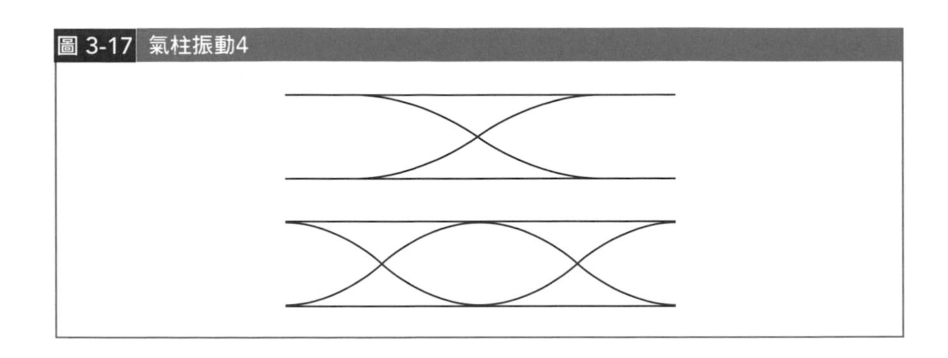
圖 3-17 氣柱振動4

開口端校正

前面我們告訴大家，在「氣柱振動」中，管口會變成駐波的「波腹」；但其實科學家在實驗中發現，「波腹的真正位置在比管口更外側一點的位置」。

換言之，實際上真正的波形應該是下圖這樣。

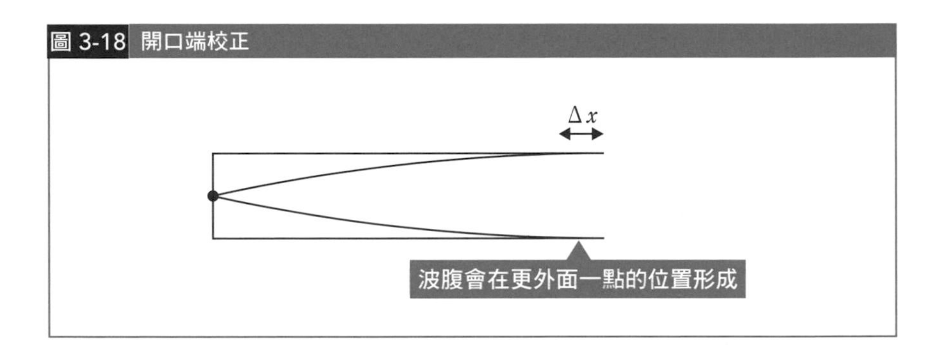

圖 3-18 開口端校正

上圖中管口的位置到波腹實際位置的距離Δx稱為**「開口端校正」**（又稱為管口校正）。

為什麼救護車駛過時的鳴笛聲會變化？

都卜勒效應

「波動」的最後一個單元，是**「都卜勒（Doppler）效應」**。

都卜勒效應的名稱來自奧地利科學家**克里斯蒂安‧都卜勒**，相信很多人都親身體驗過。而這都得感謝常常在街上奔馳呼嘯的救護車。

想像一下你走在馬路旁，接著遠方駛來一輛救護車，發出「嗶—波—嗶—波—⤴」的尖銳鳴笛聲。然而，當救護車從你面前通過後，鳴笛聲突然變為「嗶—呼—嗶—呼—⤵」，音高聽起來突然下降。這就是「都卜勒效應」。

如同在「弦振動」一節說的，對於人類的耳朵「音波頻率愈高，聽到的音高愈高；頻率愈低，聽到的音高愈低」。

當然，坐在救護車上的救護隊員並不會在行駛時刻意調整鳴笛的音高。換言之，鳴笛的音高是自然改變的。

而本節我們將為大家講解這個神奇現象背後的機制（由於都卜勒在1840年代首次發現這個現象時，還沒發明出能正確測量頻率的機器，所以是由名為**拜斯‧巴洛特**的荷蘭氣象學家，請了一支樂隊站在行駛的火車上演奏，再讓一群擁有絕對音感的人來聆聽音高變化，以此方式證明了這個效應）。

直接從結論來說，導致都卜勒效應的根本原因是**「音速有限」**。說得更白話點，就是**「音波從發射到抵達人耳存在時間差」**。

科學家已經用實驗推導出音波在空氣中傳播的速度如下頁的公式（其實利用前一節的氣柱振動實驗，也能測出音速）。

音速 $V=331.5+0.6t$（t是氣溫）

因此，在地球大氣中，音速大約是340[m/s]。

下面我們就根據以上資訊，看看為什麼救護車的鳴笛聲音高會改變吧。

假設最開始，也就是在$t=0$的時候，人與救護車之間的距離為L。

此時救護車剛發出「嗶一波一」的『嗶』音。

然而，聲音不會瞬間就傳到人耳，而是以340[m/s]的速度跑完L的距離後才能抵達人耳。換言之，**在$t=0$時發出的聲音要經過一小段時間後才會抵達人耳**。

我們就假設這個『嗶』音到達人耳的時間是$t=T_1$好了。

接著，再來思考「嗶一波一」的最後一個音『波』抵達人耳的情況。

假設『波』音出發的時刻是$t=\Delta t$，由於救護車是一邊行駛一邊鳴笛，所以『波』音發出時距離聽者的位置會比『嗶』音更近。

換言之，**『波』音抵達人耳的傳遞距離比『嗶』音更近。**

這代表『波』音從救護車出發到抵達人耳所需的時間會比『嗶』音更短。

假設人耳聽到『波』音的時間為$t=T_2$。於是，如下一頁的圖所示，**雖然救護車是以$\Delta t-0=\Delta t$[s]的時間間隔響完「嗶一波一」兩聲，但人耳實際收到「嗶一波一」的時間間隔卻更短，是T_2-T_1[s]。**

如果我們把這個時間間隔當成「嗶一波一」的1個完整週期，那麼很顯然「人耳聽到的鳴笛週期」比「救護車發出的鳴笛週期」更短。而波的週期更短，就代表頻率更高。

因此，救護車朝我方靠近時**「鳴笛聲聽起來會比較高」**。

圖 3-19 都卜勒效應

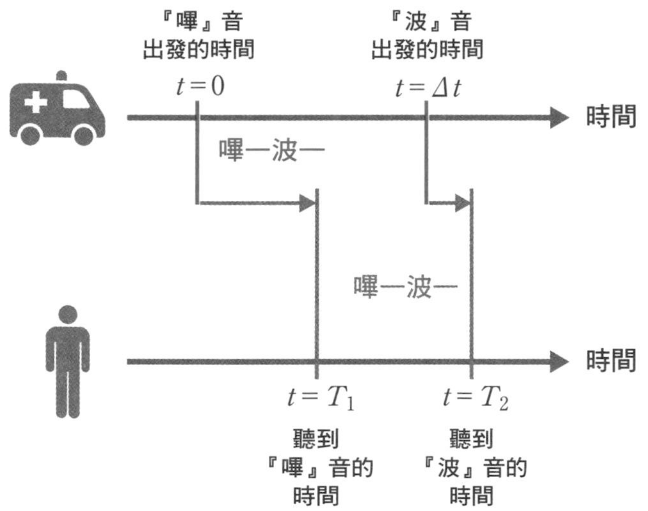

『嗶』音
出發的時間
$t=0$

『波』音
出發的時間
$t=\Delta t$

時間

嗶—波—

嗶—波—

時間

$t=T_1$
聽到
『嗶』音的
時間

$t=T_2$
聽到
『波』音的
時間

都卜勒效應的推導

接著來推導都卜勒效應的公式吧。

在下一頁的圖中，救護車朝右方以 u 的速度移動，人朝左方以 v 的速度移動。而音速是 c。

假設在 $t=0$ 時人與救護車的距離是 L，那麼當人在 $t=T_1$ 聽到聲音時，聲音前進的距離就是 cT_1，而人前進的距離是 vT_1。

由圖可知，兩者相加的距離等於 L，故 $L=cT_1+vT_1=(c+v)\ T_1$。因此 T_1 可表示成 $T_1=\dfrac{L}{c+v}$。

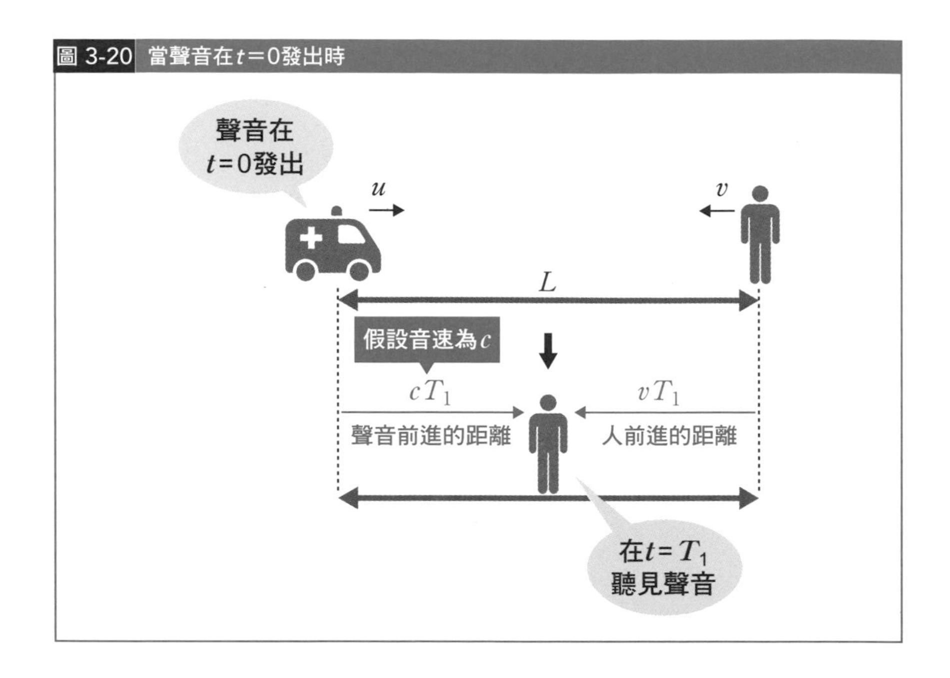

然後，如下一頁的圖所示，當聲音在$t=\Delta t$發出時，救護車與人之間的距離應該已經比$t=0$時的距離L更短。

在Δt[s]間，救護車和人分別移動了$u\Delta t$和$v\Delta t$，故在$t=\Delta t$時兩者的距離如下。

$$L-(u+v)\Delta t$$

當聲音在$t=\Delta t$時發出，在$t=T_2$被人耳聽見時，聲音前進的距離為$c(T_2-\Delta t)$，人前進的距離為$v(T_2-\Delta t)$。由於這個前進距離的總和應等於$t=\Delta t$時兩者的距離$L-(u+v)\Delta t$，故可得到以下等式。

$$(c+v)(T_2-\Delta t)=L-(u+v)\Delta t$$

圖 3-21 當聲音在 $t=\Delta t$ 發出時

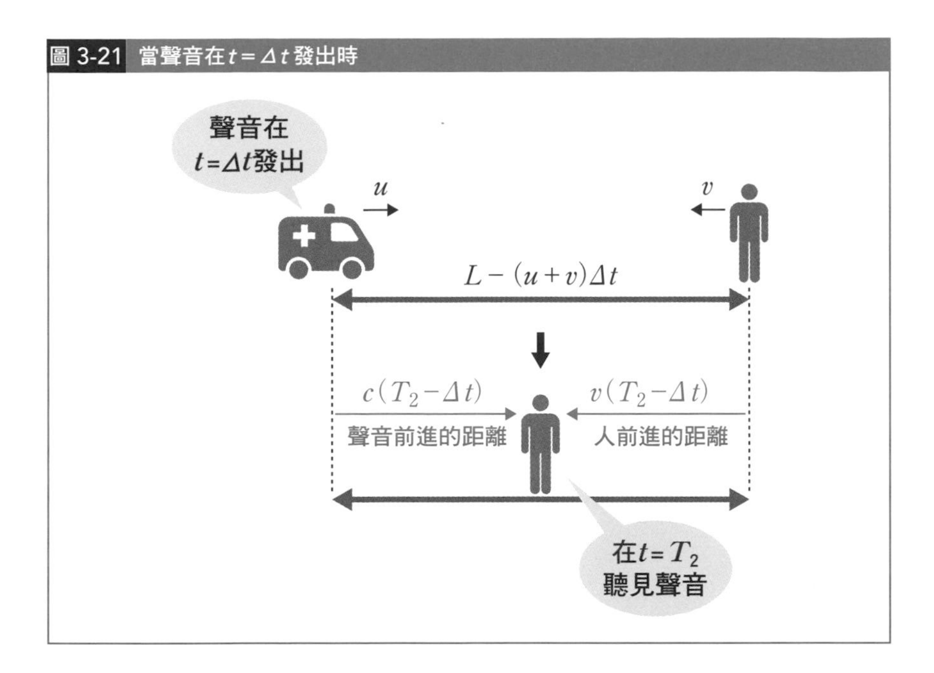

此式整理之後就變成下面這樣。

$$T_2=\Delta t+\frac{L-(u+v)\Delta t}{c+v}$$

換言之，救護車在 $\Delta t-0=\Delta t$[s]間發出的聲音，在人耳聽來應該會如同下式。

$$T_2-T_1=\Delta t+\frac{L-(u+v)\Delta t}{c+v}-\frac{L}{c+v}=\frac{c-u}{c+v}\Delta t$$

根據以上，雖然救護車發出聲音的時間，跟人耳聽到聲音的時間之間隔不同，但聽到和發出的音波總量不會改變。比如救護車若發出「嗶—波—」的音，人耳不可能只聽到「嗶—」的音。

假設救護車在1[s]間發出的音波振動次數為 f[Hz]，人在1[s]間聽到的音波振動次數為 f'[Hz]。這兩者就是救護車和人聽到的聲音頻率。

根據聽到音波總量不會改變的這件事，意味著以下等式成立。

人在$T_2 - T_1$[s]間聽到的音波量＝救護車在Δt[s]間發出的音波量

$$f' \frac{c-u}{c+v} \Delta t = f \Delta t$$

因此，可得到以下結果。

$$f' = \frac{c+v}{c-u} f$$

救護車靠近時的頻率較高，所以音高聽起來也比較高。

如果不熟悉這個推導方法的話，記起來可能會比較辛苦。但總而言之，只要記住都卜勒效應的根本原因是音速有限，需要一段時間才能抵達人耳就對了。

不只音波存在都卜勒效應

提到都卜勒效應，因為最容易感受到的實際案例就是救護車，因此不少人以為它是種「聲音的現象」。但其實只要是「波動」，任何情況都有可能發生都卜勒效應。舉例來說，也有「水的都卜勒效應」和「光的都卜勒效應」。尤其是「光的都卜勒效應」，在物理學上是非常重要的主題，對天文物理學有重要貢獻。

都卜勒效應的應用例

現代，有種科技也應用了都卜勒效應。那就是「測量物體移動的速度」。

像是在棒球中用來測量投手的投球球速的「測速槍」，就利用了都卜勒效應。

還有，警察取締超速也是應用都卜勒效應。而在醫療領域，都卜勒效應也被用來測量血流。

美國天文物理學家**愛德溫・哈伯**，在1929年利用都卜勒效應測量來自外星系的星光，以實驗方法發現愈遠的星系遠離地球的速度愈快。而這項發現為現在最被廣泛接受的宇宙學模型「大霹靂理論」提供的證據（順帶一提，知名的哈伯望遠鏡就是用愛德溫・哈伯的姓氏命名的）。

震波

在剛才分析的情境中，救護車的速度比音速更慢，那麼最後我們再來思考一下發出波動的物體跑得比波傳遞的速度更快的情況吧。

為了讓大家更容易想像，這裡我們用水面上的水波當例子。以一定的時間間隔用手指點擊水面的同一位置，水面上將如下圖出現「同心圓狀的波」。

圖 3-22 波面1

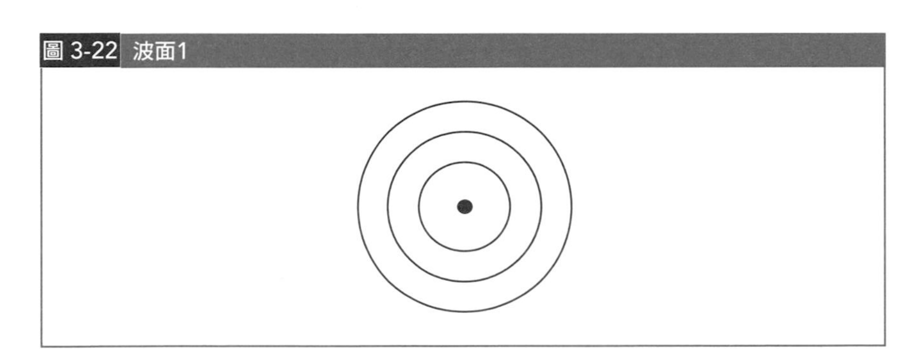

接著，一邊緩緩往右移動手指，一邊繼續點擊水面，水波會變成如次頁圖中所畫的模樣。

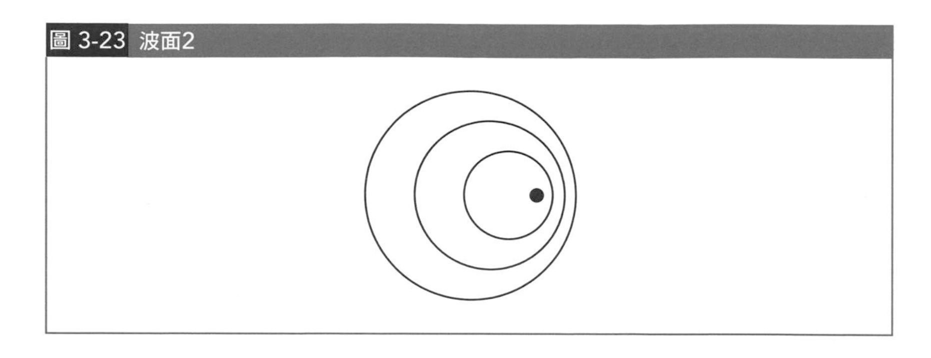
圖 3-23 波面2

然後，加快手指移動的速度，同時繼續點擊水面，最後你應該會看到下圖的這種三角狀波紋。

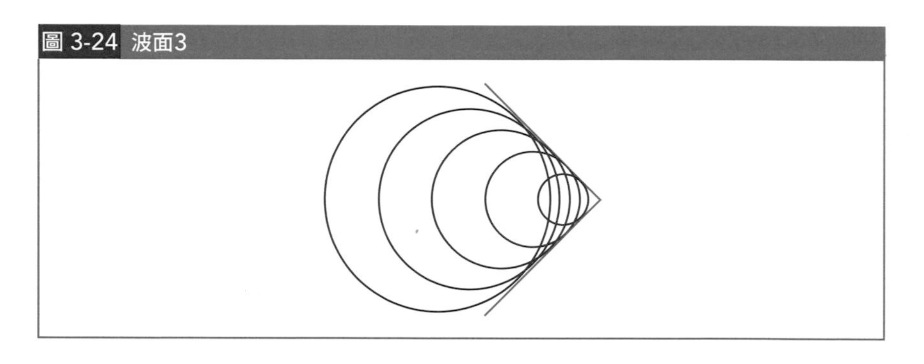
圖 3-24 波面3

這種波稱為**震波**。船在水上移動，以及鴨子在池塘上游泳時都能看到這種線。

另外，由於超音速戰鬥機等飛行器的飛行速度比音速更快，所以也會在空氣中產生這種三角錐狀的震波。同時，當戰鬥機從空中飛過後，還能聽到爆炸般的巨響。

第4章

電磁學

古典物理學中誕生了「場」這個新視點

傳統力學無法解釋的「力作用」

前面我們說過，科學家們發現「電磁波（光）」是一種原理不同於水波、繩波、弦、聲音等波動的波動現象，於是建立了「電磁學」這門領域。

然而，電磁學其實也跟力學、熱力學、波動一樣，**可以視為「物體之粒子的運動」，從力學途徑來理解**。

電磁學中的「粒子」稱為「電荷」。而力學中「質量m[kg]」的「物體」，在電磁學中則換成了「電荷量q[C]」的「電荷」。

那麼，電磁學跟過去的力學、熱力學、波動有什麼不同呢？答案是它**新加入了「場」的概念**。

在發現「電荷（力學粒子）」的作用力發生原理無法用力學途徑解釋後，科學家們改變了解釋方式，認為電荷不是「從其他電荷受力」，而是「從『電場』這個空間（場）受力」。

記住上述的大框架後，下面馬上來看看電磁學具體都在講什麼吧！

第4章 【電磁學】的概覽圖

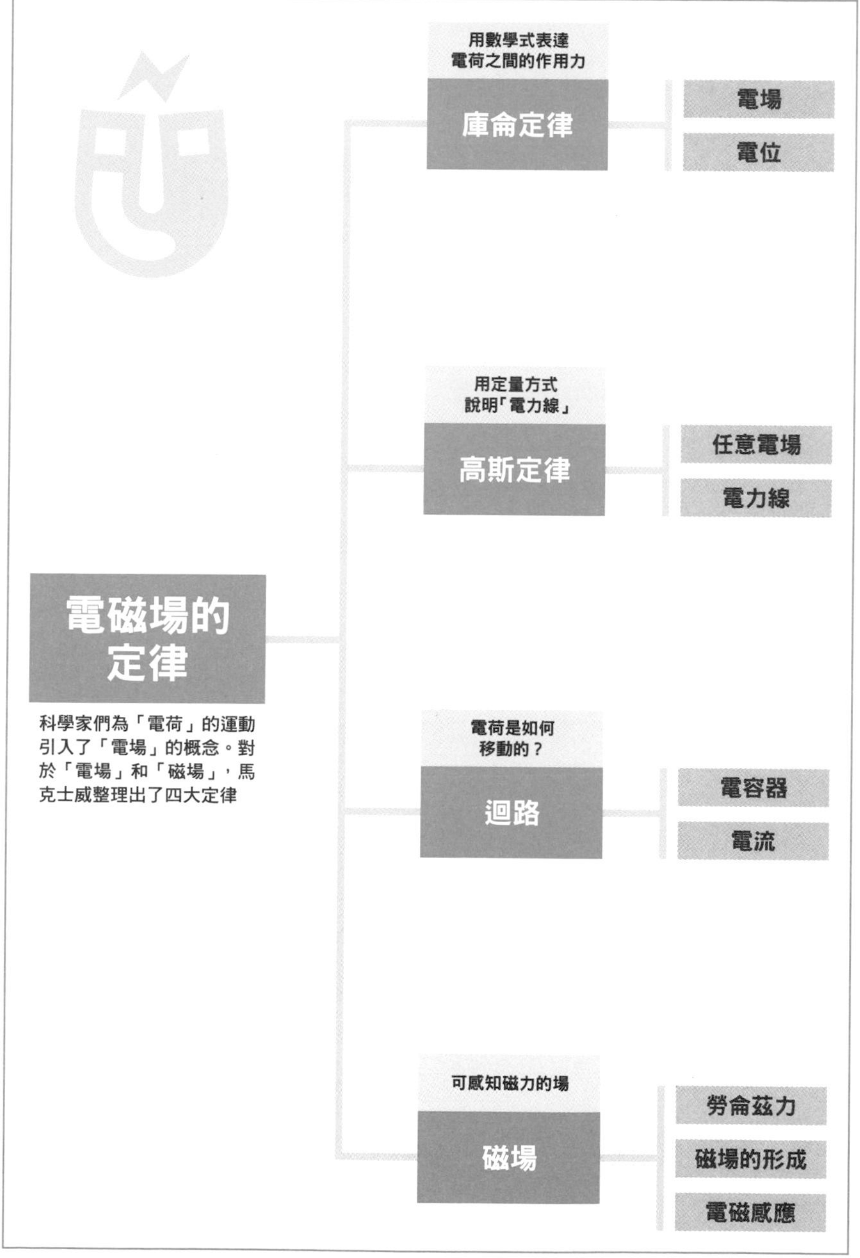

電磁場的定律

科學家們為「電荷」的運動引入了「電場」的概念。對於「電場」和「磁場」，馬克士威整理出了四大定律

用數學式表達電荷之間的作用力
庫侖定律
- 電場
- 電位

用定量方式說明「電力線」
高斯定律
- 任意電場
- 電力線

電荷是如何移動的？
迴路
- 電容器
- 電流

可感知磁力的場
磁場
- 勞侖茲力
- 磁場的形成
- 電磁感應

用「粒子的運動」解釋電磁力

電磁學也討論「粒子」

很多人認為「電磁學」是「肉眼看不見的東西，很難像力學那樣想像」。

其實，**只要把電磁學看成像物體那樣的「粒子」運動，就一點也不難理解**。

這是因為，**電磁學也跟力學一樣存在「粒子運動的理論化體系」**。

「電磁學」世界中的「粒子」稱為**「電荷」**。「力學」和「電磁學」的研究對象分別如下。

- 力學研究的是**質量**m[kg]的**物體**
- 電磁學研究的是**電荷量**q[C]的**電荷**

「質量對應電荷量」、「物體對應電荷」，請記住這個對應關係（尤其在力學中，無視體積的物體稱為「質點」，而電磁學中無視帶電體體積的電荷稱為**「點電荷」**）。

電荷量的單位是[C（庫侖）]。

當然，「電荷」也存在某些跟力學的「物體」不一樣的性質。

那就是電荷量存在正負的差異。

基本電荷

「電荷」量的最小單位是**「基本電荷」**。

通常，基本電荷寫成e，其值如下。

$$e = 1.6 \times 10^{-19}\,[\mathrm{C}]$$

換言之，世界上的電荷一定是這個基本電荷e的整數倍。

美國物理學家**勞勃‧密立根**曾經進行一個知名的「油滴實驗」，這個實驗中的測量結果，為世界上的粒子都存在「最小單位」的理論模型提供了佐證。

現代，科學家普遍相信將任何粒子不斷分割下去，最終必定會出現一個無法繼續往下分割的「最小單位」。

然而，這原本只是個沒有根據的想法而已。

直到發現基本電荷等存在後，「原子論」和「基本粒子論」等理論，才逐漸成為理解自然界的標準觀點。

簡單來說，這世上的電荷量一定是「基本電荷」的整數倍，可以明確計算1個2個等個數。然而，因為最小單位「基本電荷」的值實在太小，所以我們才會在日常生活看到各種不同的電荷量。

打個比方，在海邊的沙灘上堆「沙山」，我們會感覺自己好像可以堆出任意大小的「山」。但放大來看，其實所有大小的「山」都是由「1粒沙」的整數倍構成的。只是因為「1粒沙」實在太小，所以才會讓人感覺好像可以堆出任意大小的「山」。

用數學式表達電荷之間作用力的「庫侖定律」

庫侖定律

電子學的英文稱為「electronics」。這個字源自希臘語的琥珀「 lektron」。現在，電子這種粒子的英文就直接稱為「electron」。自古以來，人類就觀察到琥珀摩擦過後可以吸附周圍碎屑或灰塵的現象。換言之，人類自遠古時代就對電氣現象非常熟悉。

如下圖所示，「電荷」有正負之分，＋電荷之間和－電荷之間存在相斥的力（斥力），而＋和－的電荷之間則存在相吸的力（引力），古時候的人類似乎也知道這件事。

圖 4-1 電力

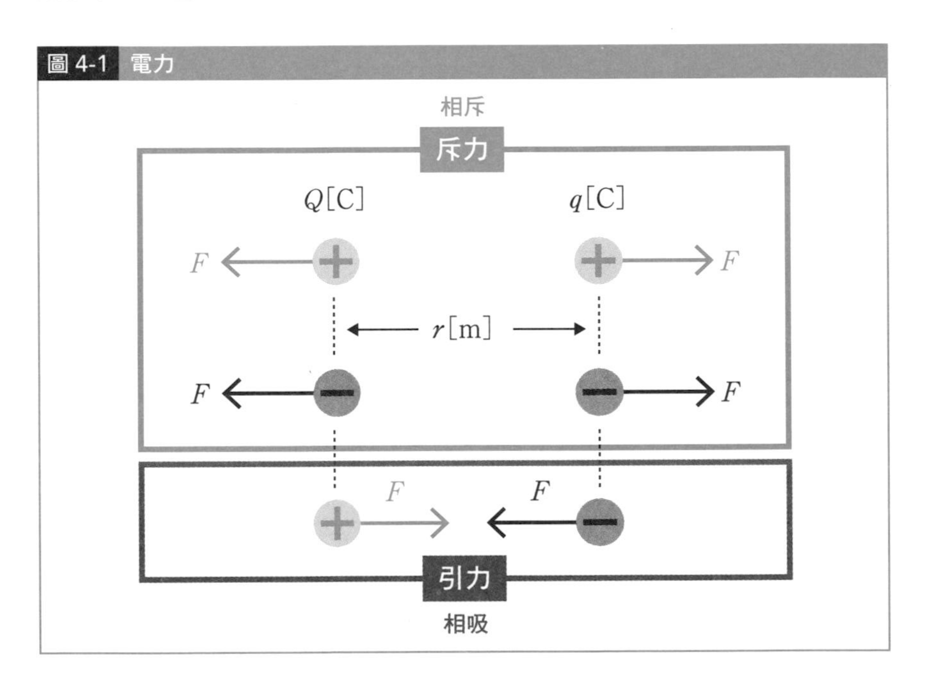

然而，為了用數學以定量方式表達這件事，科學家卻花了非常大的苦心。

然後在1785年左右，一位曾在法國軍隊服役的科學家**夏爾•庫侖**，終於成功用數學式表達了在實驗中使電荷相吸相斥的作用力。

那就是**「庫侖（Coulomb）定律」**。

其數學式如下。

$$F = k\frac{Qq}{r^2}$$

如果看到上面這個式子後，你會覺得「好像在哪裡見過……」的話，代表物理學知識已經在你心中生根了。

其實，前面也曾出現過跟上式相同形式的公式。

那就是「萬有引力」。

「萬有引力定律」大約是在「庫侖定律」問世的約100年前由牛頓發現的。

據說在庫侖定律發表之初，很多人都驚呼「沒想到電荷之間的作用力，跟天體之間的引力居然是同一個公式！」。

但庫侖定律和萬有引力還是有個不同之處。

萬有引力常數G是$G=6.67\times10^{-11}$[Nm^2/kg^2]，是個非常小的常數；**另一方面，庫侖定律的比例常數k卻是$k=9.0\times10^9$[Nm^2/C^2]，大小跟前者有雲泥之別**。

庫侖當初在進行實驗時，或許就是抱持著「說不定電力也可用萬有引力公式表達」的想法。這個電荷之間的作用力稱為**「庫侖力」**或**「靜電力」**。而前述的電荷量單位[C]也是取自庫侖名字的首字母。由此可見庫侖這位科學家對電學領域的貢獻有多麼巨大。

表現「電荷運動」的空間「電場」

電場

「庫侖定律」是非常偉大的發現，但它卻衍生出1個重大的問題。那就是，除非能瞬間得知2個電荷的電荷量Q、q和電荷之間的距離r，否則就無法使用庫侖定律。如果不知道任一方電荷的位置，就沒辦法寫出庫侖定律的計算式。不過，現實中我們卻可以直接觀測電荷q的作用力。

於是，當時的科學家想出了1個「點子」。那就是**改變解釋的方法，改用「電荷q是從周圍的空間受力」的概念**。

換言之，**不是「電荷q從電荷Q受力」，而是「從周圍的空間受力」**。

在思考空間具有何種性質時，我們會用**「場」**來稱呼該空間；所以「具有對電荷作用庫侖力之性質的空間」就稱為**『電場』**。

圖 4-2 電場的概念

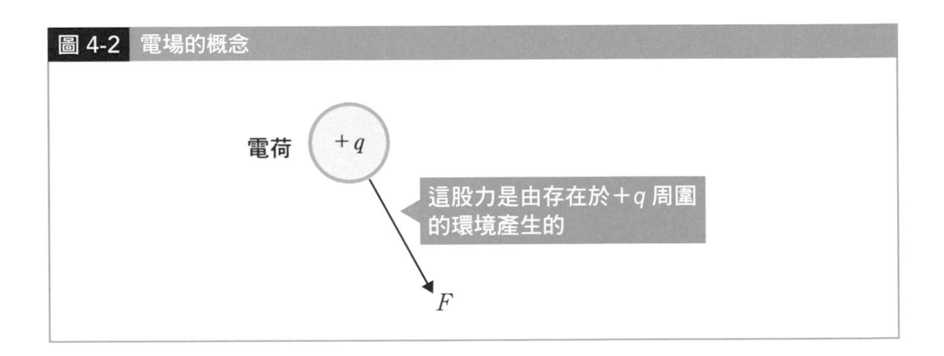

「場」的概念並非物理學獨有，我們的日常生活中也常常使用這個概念。舉例來說，當職場有人被上司辱罵時，位處同一間辦公室的人們都會感覺「空氣很沉重」。而這種描述就是對「辦公室這個空間」附加了「空氣很沉重、氣氛很差」的性質。

那麼下面讓我們更加具體地看看什麼是「電場」吧。

要測量、計算「場」，首先必須找到某個具有「偵測器」功能的物體。

舉個例子，要知道某個地方「風強不強」或「屬不屬於風場」，必須先在此地安裝「風向雞」或「鯉魚旗」等道具來測量風力和風向；同理，「電場」也需要偵測器。而這個偵測器就是「1[C]的電荷」。

電場的定義如下。

電場＝1[C]電荷所受的作用力

想知道某處的電場強度時，我們會先在該地點放置「1[C]的電荷」，然後再觀察該電荷受到多少強度和什麼方向的作用力。順帶一提，這個「1[C]的電荷」稱為**「測試電荷」**，英文是**「test charge」**。

從以上定義也能得知電場的單位。因為是「1[C]電荷所受的作用力」，所以單位就是[N/C]。電場習慣用英語Electric field的首字母E來表示。

既然「電場E的定義是1[C]電荷所受之作用力」，那麼該電場對電荷q所做的庫侖力F便可寫成下式。

$$F = qE$$

此外，跟庫侖定律比較後，還可得出電場$E = k\frac{Q}{r^2}$。

「電位」就是電的位能

電位的定義

如同前面所提到的，萬有引力（重力）是種可定義出位能的「保守力」。

換句話說，公式酷似萬有引力的庫侖力也具有同樣的性質。

庫侖力產生的位能稱為「電位」。因為是電的位能，所以被稱為「電位」。

電位通常用 V 這個符號表示。

電位 V 的定義如下。

電位 V＝1[C]電荷具有的位能

這裡再次使用了「1[C]的電荷」。理由是因為這樣比較好計算。

因為是「1[C]的位能」，故單位是[J/C]。此外，電位還有另一個稱為[V（伏特）]的單位。大家平時應該更常看到這個單位，對它更熟悉。

事實上，由於「位能」就是「已確定的功」，所以電位也同樣等於1[C]電荷所受之作用力從某位置到基準點的做功。

當然，「1[C]電荷所受之作用力」就是前述的「電場」，所以也可以想成**「電場 E 這股作用力，從某位置到基準點所做的功」**。

那麼，下面來推導電位的公式吧（因為跟萬有引力的位能一樣會用到積分計算，所以也可以跳過不看沒關係）。

我們要算的是將1[C]的電荷從位置 r 移動到無限遠處∞時所做的功。

圖 4-3 電位的計算

$$V=\int_r^{\infty} E dr$$

$$=\int_r^{\infty} k\frac{Q}{r^2}dr$$

$$=\left[-k\frac{Q}{r}\right]_r^{\infty}$$

$$=-k\frac{Q}{\infty}-\left(-k\frac{Q}{r}\right)=k\frac{Q}{r}$$

故 $V=k\dfrac{Q}{r}$

長得果然跟萬有引力的位能很相似。

順帶一提，「電位」常常跟「電壓」一詞混淆。雖然兩者的單位都是[V]，但「電壓」又稱為「電位差」，即「電位的差」，請特別留意。當電池上標注電壓100[V]時，意思是此電池的正極和負極的電位相差100[V]（電池的電壓又稱為電動勢）。「電位和電壓」的關係就像「身高和身高差」。

靜電能

1[C]電荷擁有的位能是電位 V，所以理所當然地，「q[C]電荷的位能」就是 V的q倍，即qV。

而電荷擁有的位能一般稱為靜電能，符號是 U。

最後，我們把本節登場的所有公式整理成下一頁圖的表格。

圖 4-4 整理

	$+q$[C]的	$+1$[C]的	
作用力	$F=k\dfrac{Qq}{r^2}$ （庫侖力）	$E=k\dfrac{Q}{r^2}$ （電場）	➡ $F=qE$
位能	$U=k\dfrac{Qq}{r}$ （靜電能）	$V=k\dfrac{Q}{r}$ （電位）	➡ $U=qV$

上圖總共有6個公式，但死背它們沒有意義。

首先最需要記住的只有「庫侖力」公式，即「庫侖定律」。其他5個公式都能用「庫侖力」或其本身的定義推導出來。由於電磁學用到的物理量比力學多很多，所以很多人剛開始學習時都因為「公式太多了，根本背不起來！」而感到焦慮，但當中真的需要背誦的公式其實很少。

描述電磁場四大定律的「馬克士威方程組」

場的形成

在前一節，我們說到科學家為了分析「電荷」的運動而引入了「電場」的概念。

事實上，電磁學中還存在另一個「場」，也就是**「磁場」**。

在電磁現象中，最重要的就是「電場」和「磁場」這2個。不僅如此，在現代物理學中，宇宙間所有存在都可以用「場」的觀點來理解。換言之，在電磁現象中，「電場」和「磁場」可統稱為**「電磁場」**，而再來只要釐清電磁場是如何在宇宙空間形成，電磁學就完備了。

在開始釐清前，我們先簡單介紹一下「場」的「製造方式」吧。

首先，**所謂的「場」，其實是種用於表現「流動」的物理量**。而事物會「流動」，背後必然存在某種原因。

比如，「風的流動」通常是因為「氣壓發生變化」或「某人用手搧風」。所以「電場」和「磁場」的形成應該也有原因。

而產生「流動」的方式，大致有以下2種。

・從某地點「湧出、吸入」
・在某地點周圍「繞轉」

請看下一頁的水槽的模式圖。

在這張圖中，應該怎樣才能製造出水的「流動」呢？

首先能想到第1個方式，是把水槽放在「水龍頭」下，然後轉開開關用力放水，製造水流。除此之外，也可以打開排水孔的蓋子，使水被吸入排水口，產生流動。這就是**「湧出、吸入的場」**。順帶一提，在大學程度以上的物理中，「湧出、吸入（這兩者更常見的稱呼是散度）」一般使用 div（divergence，發散）這個向量分析符號來表示。

那麼有沒有關閉水龍頭，也不用打開排水口蓋子就能製造「流動」的方法呢？當然有，那就是把手放進水槽裡畫圓旋轉、攪拌水槽裡的水，這麼做也能製造「流動」。這通常稱為**「迴轉的場」**。進入大學後，迴轉度通常用 rot（rotation，旋轉）這個符號來表示。

圖 4-5 場的形成

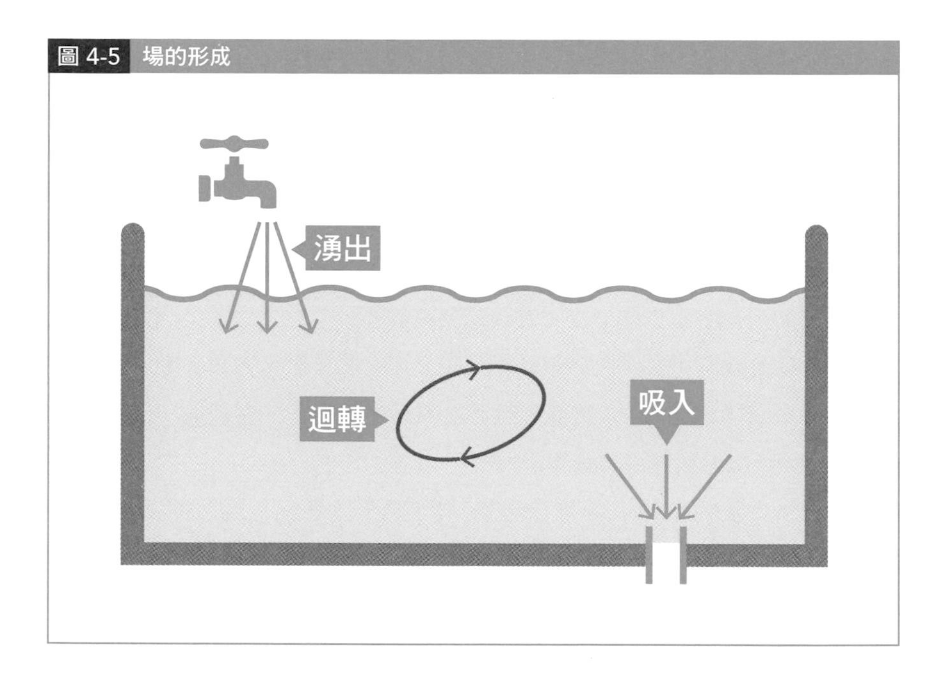

由以上可知，「場」的製造方法有「湧出、吸入」和「迴轉」2種形成方式。那麼，我們是不是已經可以想像「電磁場的定律」有幾個了呢？電磁學是用「電場」和「磁場」這2種「場」來思考電磁現象，並對其進行系統性的整理，而「場」本身又有2種不同的製造方式。所以，**電磁場的定律也有「電場從哪裡湧出，從哪裡被吸入」、「磁場從哪裡湧出，從哪裡被吸入」、「電場繞著什麼地方迴轉」、「磁場繞著什麼地方迴轉」這4項**。

而經過不斷嘗試和犯錯，將這些定律整理出來的人，就是英國科學家**詹**

姆斯·克拉克·馬克士威。因此關於電磁場的四大定律，也依他的姓氏命名為**馬克士威（Maxwell）方程組**。

馬克士威方程組

那麼，下面來看看馬克士威方程組的內容吧。

開門見山，以下直接列出馬克士威方程組的概要。

《馬克士威方程組》

①電場會從正電荷湧出，被負電荷吸入

②磁場會從N極湧出，被S極吸入

③電場會圍繞磁場的時間變化迴轉

④磁場會圍繞電場的時間變化迴轉

重點不是「為什麼」，而在於「因為這樣想最有系統，所以人類把它們當成電磁場的基本定律」。

①的意思是「電場的水龍頭相當於正電荷（＋電），排水口相當於負電荷（－電）」。

當然，科學家也馬上想到「既然電場會湧出、吸入，那磁場應該也一樣！」。因此，早在找到實際負責「磁場的湧出、吸入」的東西前，就先創造了「N磁單極、S磁單極」這2個名詞（②）。

然而前面說過，電磁學的目的是思考「電荷」的運動。在此之前我們也完全沒有提到「磁單極」這類詞彙。其實，雖然科學家們用「單一磁極（N極、S極）」表達「磁場的湧出、吸入」的現象，但目前人類從未真的發現「磁單極」。因此，在馬克士威方程組中，不得不將「磁單極不存在」這件事給定律化。

當然，現在全世界仍有許多科學家致力尋找「磁單極」的存在，但目前還未找到。因此，在描述電磁現象時通常不直接使用「磁單極」一詞，而是用「電荷」的現象來解釋電磁學的內容。

接著是③，其實在歷史上是④先發現的，它是由丹麥科學家**厄斯特**在實驗中發現。很多人應該都在國小或國中時做過「使電流通過導線時，導線周圍的指南針會發生偏轉」的實驗吧。這個現象正是「④磁場會圍繞電場的時間變化迴轉」。由於「電場」會從電荷湧出和被電荷吸入，所以電荷移動時會產生「電場的時間變化」。當電荷在移動的時候，就被稱為**「電流」**（關於電流的部分後面會詳述）。

於是，有位科學家就想到：「那如果反過來製造磁場的時間變化，電場是不是也會繞圈迴轉呢？」這位科學家就是英國的**麥可‧法拉第**。法拉第在實驗中用磁鐵在纏繞導線的線圈附近來回移動，結果真的在線圈上測量到電流。其實，這正是定律③的內容，即後面會學到的「電磁感應」現象。

換言之，**馬克士威方程組的名字雖然聽起來很深奧，但它的實際內容幾乎（除了②之外）都在國小、國中就學過了**。

順帶一提，初期的馬克士威方程組的方程式整合方法比較不嚴謹、隨便。將它這個原始方程式整理成現代所知的馬克士威方程組的人，是因頻率單位而留名歷史的德國物理學家**海因里希‧赫茲**。

以定量方式說明「電力線」的「高斯定律」

法拉第的嘗試

本節來詳細看看馬克士威方程組的①「電場會從正電荷湧出、被負電荷吸入」這件事吧。方才提到的麥可•法拉第，曾經嘗試用圖畫來表現電場從正電荷湧出、被負電荷吸入的情形。之所以用畫圖，是因為法拉第只有讀過小學，沒有機會接受正規的數學教育，因此不擅長用數學式來表達事物，而選擇用「畫」這種視覺性的途徑來研究電磁現象。

在法拉第活躍的19世紀初期，數學這棟大廈的地基已經相當扎實，因此誰都不曾想過在從事科學研究時要如何不使用數學。法拉第是科學史上極少數的例外，幾乎不仰賴數學的力量，就在腦中描繪出了電場的模樣。請看下圖。

圖 4-6 電力線

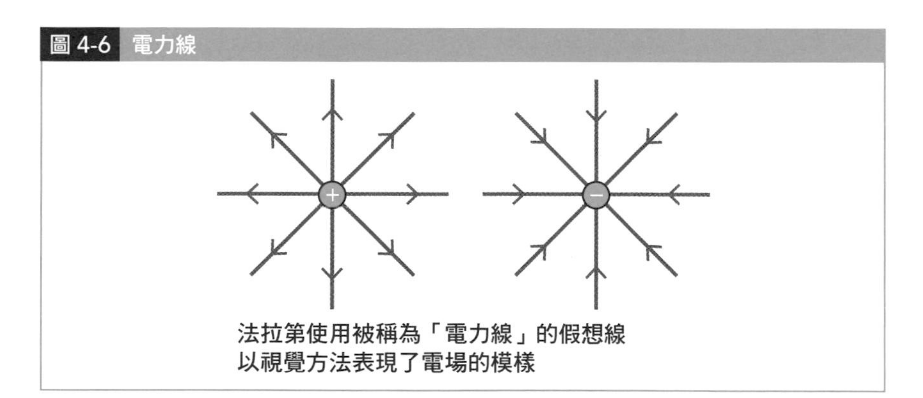

他成功**用上圖中的那種假想線將電場的樣子模型化，稱之為「電力線」，以視覺方式表現**。用假想線表現「場」的點子便是由法拉第發明的。

這種假想出來用以描述「場」的線，比起描述電場時的「電力線」，大家更熟悉的可能是用來描述磁場的「磁力線」。相信大多數人都看過下圖這種畫在磁鐵周圍，用來描述磁場狀態的「磁力線」吧。

圖 4-7　磁力線

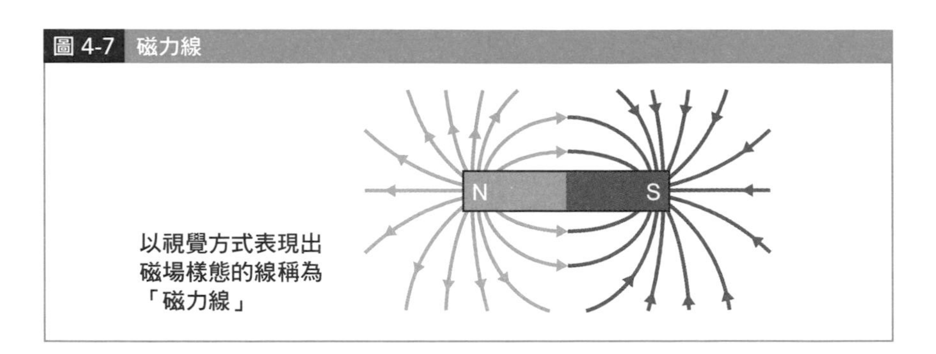

高斯定律

「電力線」吸引了某位科學家的注意，那個人就是德國科學家**卡爾•佛烈德利赫•高斯**。跟法拉第相反，高斯是數學方面的天才。不，就連天才都不足以形容這位大數學家兼物理學家。科學界存在一大堆以他命名的定律和定理。

這裡我們要介紹的是高斯的貢獻之一——用數學對「電力線」做了定量描述的「高斯（Gauss）定律」。高斯把焦點放在「電力線」的「數量」上，提出以下主張。

在電場E內，每單位面積（1[m^2]）會射出E條電力線。而全面積射出的電力線**總數跟電荷Q成正比**。

舉個具體的例子，來看看點電荷（無視體積的電荷）Q射出的電力線吧。

「高斯定律」的重點是「畫圖圈住電荷」，然後再用圈住的面積計算總共有幾條電力線從電荷射出。

計算結果如下。

圖 4-8 高斯定律

（像用膠囊包住一樣）用球圈住電荷Q

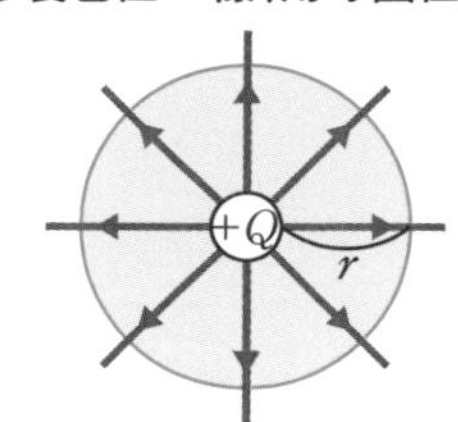

若電力線的總數為N，則N與Q成正比，

故若以比例常數為$\frac{1}{\varepsilon_0}$，則

$$N = \frac{Q}{\varepsilon_0}$$

且$N = E \times S$（面積）

$$= k\frac{Q}{r^2} \cdot 4\pi r^2$$ （$4\pi r^2$：球的表面積）

$$= 4\pi kQ$$

「高斯定律」經常以下面的形式使用。

因 $N = \frac{Q}{\varepsilon_0}$ 且 $N = E \cdot S$，

故 $E = \frac{Q}{\varepsilon_0 S}$

（順帶一提，ε_0稱為真空電容率）

金屬內的電子如何移動？

關於金屬這種物質

搞懂電磁學的基礎後，接著我想來聊聊「電路」的部分。

構成迴路的零件稱為**「電路元件」**。在介紹「電容器」這種電路元件之前，我想先說明一下「金屬」，即廣義上俗稱**「導體」**的物質是什麼。因為製作「電容器」會使用到金屬。

這裡不會談到金屬的化學性質，比如金屬鍵（以及化學鍵理論）等等話題，而是要用更粗略的角度來定義金屬這種物質。我們可以用以下的方式來描述金屬。

所謂的金屬，就是「內部存在實質上接近無限多自由電子（又稱為游離電子）的物質」

所謂的電子，是種帶負電荷的粒子。

電子的電量是$-e=-1.6\times10^{-19}$[C]，常常用e^-的符號來表示。

至於自由電子，一如其名就是「可自由到處移動的電子」。換言之，如果某個物質內部存在大量可以自由移動的負電荷，該物質就被我們認定為金屬。

順帶一提，（理想上）不帶任何「自由電子」的物質稱為**「絕緣體」**、**「非導體」**或**「介電質」**。

靜電感應

「金屬」的重要性質之一是**「靜電感應」**現象。

如下圖所示，如果在某個方向朝下的「電場」中插入金屬，請問會發生什麼事呢？

圖 4-9 靜電感應

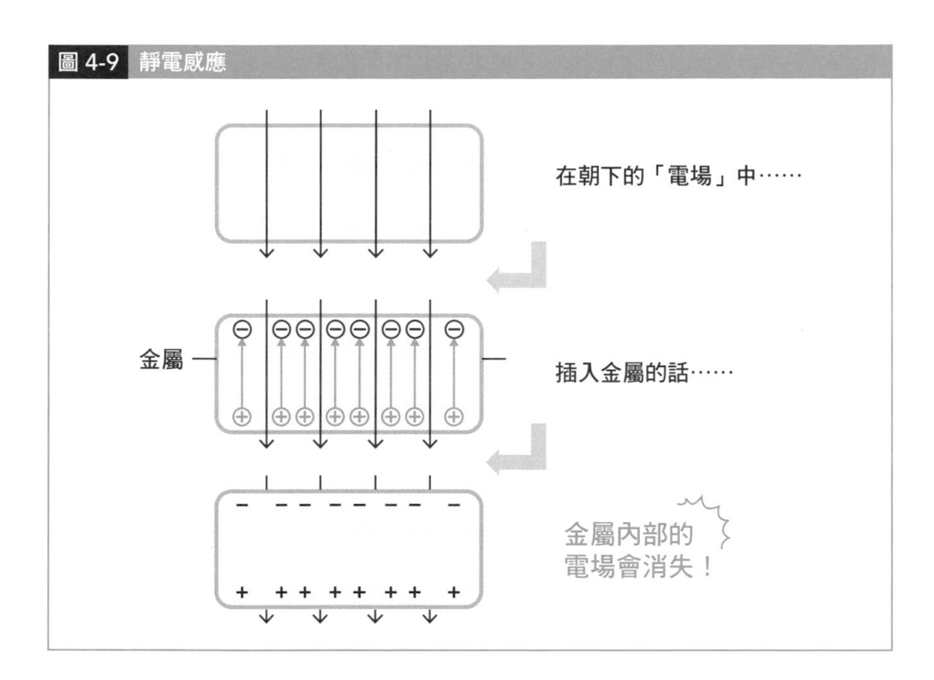

插入金屬後，金屬內的自由電子會受到來自電場的庫侖力作用，整群往圖片的上方移動，使負電荷聚集在金屬內部的上側，正電荷聚集在下側。

然後，原本的電場（向下），會跟靜電感應在金屬內部產生的電場（向上）互相抵消，使金屬內的電場變成0。

當然，電場為0意味著庫侖力的做功也是0，故金屬內會變成「**等電位**（所有位置的電位都相等）」的狀態。

電容器和電容量的關係

儲存電荷的裝置＝電容器

電容器這個名稱經常讓人誤以為是「非常複雜難懂的實驗器材」，但講白了它其實就只是個「使正負電荷移動並分開的裝置」而已。

電容器的定義如下。

電容器＝在2個導體間，以某種方法使電荷移動，並使電荷保持移動後狀態的東西

這句話乍看有點艱澀，其實意涵非常簡單。

小時候，你有沒有玩過用墊板摩擦布料之後，再把頭髮吸起來的遊戲？

其實這也是廣義的電容器。透過摩擦的行為使電子移動，墊板上聚集負電荷，頭髮上聚集正電荷，然後兩邊的電荷因庫侖力互相吸引，頭髮就被吸了起來。而這種電荷分布的狀態就被稱為「電容器」（當然，墊板和頭髮都不算是導體）。

具體來說，我們要討論的是右頁圖中的這種電容器。

要製造電容器，就必須使電荷在導體之間移動。而一般是利用電池（電源）來辦到這件事。

現在，想像我們使用某個電壓（電動勢）為V[V]的電池和2片平行的金屬板，使Q[C]從下方的導體板移動到上方的導體板。

此時，我們把這個狀態描述為「電容器上儲存了Q[C]的電荷」。

圖 4-10 電容器的模式圖

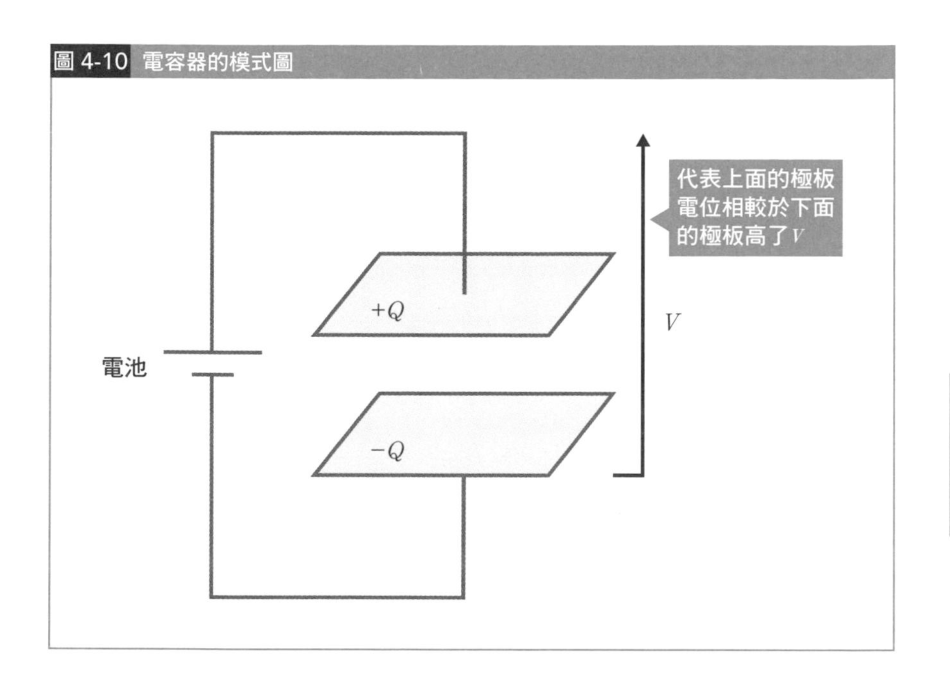

在理想的電容器上，2片導體板（極板）的電荷會是電量相等，但電性相反。

讓我們快速介紹一下電池這種工具的原理吧。

比如，我們常說3號乾電池的電壓是 $V=1.5$[V]，但其實電池不單只是製造電位高的地方，而是「使正電荷從負極移動到正極，對電荷做 V大小功的工具」。

為了更好地討論電容器，我們接著還要定義以下的物理量。

假設儲存之電荷 Q和施加之電壓 V的比為 C，即$\dfrac{Q}{V}=C$時，這個C稱為**「電容量」**。由此可以得到堪稱電容器基本公式的「$Q=CV$」，但這個等式充其量只是電容量的定義式。當然，根據前式可知，電容量C的單位應是[C/V]，但這個值通常是用[F（法拉第）]當單位。這個單位的由來自然是麥可•法拉第。

那麼，這裡我們來思考一下「電容量」這個名稱吧。

當電容器上的電壓 V固定不變時，累積的電荷 Q愈大，則C也愈大；電荷Q愈小，則C也愈小。換言之，這個值可以理解為反映「電荷易累積性」的物理量，所以稱為「電容量」。

決定電容量的因素

那麼，電容量的值究竟是由什麼決定的呢？

現在，假設如右頁圖把某個電容器放在真空中。此時，可類推「電容量」的值將由以下3個因子決定。

①極板的面積S[m^2]
②極板的間隔d[m]
③極板間有無物質

所謂的電容器，就是儲存電荷的裝置。電荷雖然是肉眼看不見的微小粒子，但依然有質量和體積。換句話說，極板面積愈大，理論上就愈容易儲存電荷。

打個比方，如果把「電容器」想成停車場，想當然停車場的空間愈大，能停放的汽車愈多。透過這個概念，可以理解到電容量會與面積S成正比。

接著是極板的間隔。這裡我們要回頭思考一下電容器為什麼可以儲存電荷。

順帶一提，這跟電池無關。電池充其量只具有「移動電荷的能力」，沒有儲存電荷的性質。

前面說過，在理想的電容器中，2片極板間的電荷正負性質會相反。換言之，正電荷和負電荷會分別聚集在2片極板上，使2片極板因庫侖力互相吸引，才能使電荷一直累積在極板上。換句話說，2片極板愈靠近，相吸的庫侖力就愈大，也愈容易累積電荷。

此外，雖然這裡我們設想的電容器是放在真空中，但如果在極板之間插入如絕緣體等物體，電荷的分布情況想當然也會發生改變。

圖 4-11 電容量

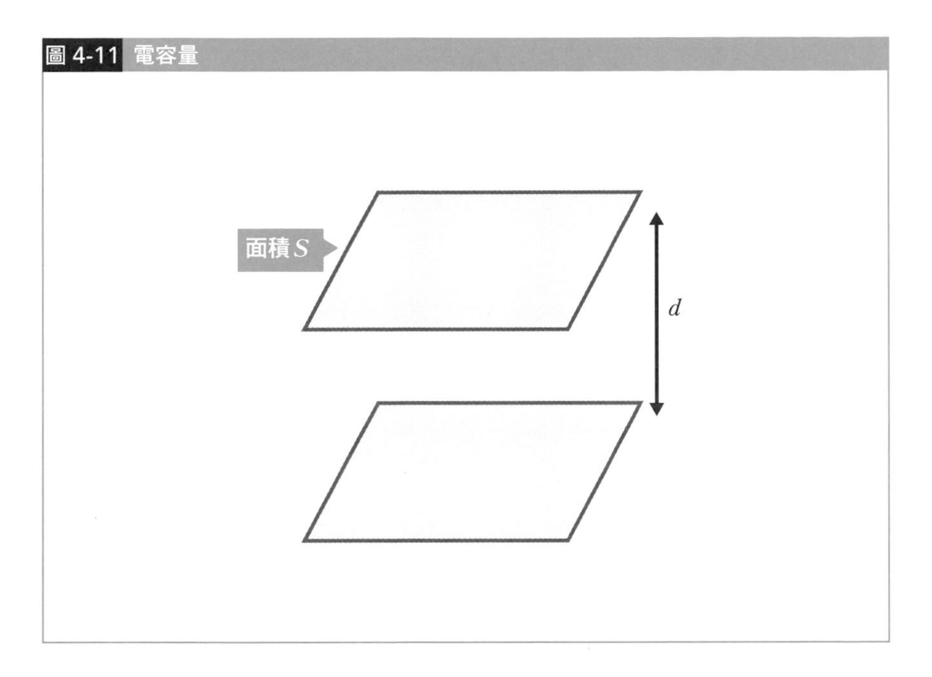

由上述推理可以得知，「電容量C」應與面積S[m^2]成正比，跟間隔d[m]成反比。

假設反映極板間有無物質的值為比例係數ε，則$C=\varepsilon\dfrac{S}{d}$。

電荷的大行軍「電流」

電荷的流動＝電流

「電流」是大家常常聽到的名詞，但若被問到它的定義，相信很多人都不知道該怎麼回答。

在物理學上，電流的定義如下。

電流＝單位時間（1[s]）內通過導線截面的電荷量

簡單來說，就是1[s]間有幾[C]的電荷量通過，它的單位是[C/s]，但也可以用[A（安培）]這個單位來表示。此單位是源自於名為安培的科學家。在計算時，電流通常用I這個符號來代表。

此外，電流的方向被定義為「正電荷的移動方向」。然而，科學家們常常調侃這件事，因為它其實源於古代科學家們的誤會。在確立電流的定義後大約過了100年，科學家們才發現實際上在導線內移動的是「帶負電荷的自由電子」。

當然，這其實只要更新定義把電流換個方向就好，但由於這100年來大家已經習慣了這個定義，而且唯一弄錯的「就只有方向」，所以科學家們便決定「乾脆繼續保留電流的概念。只要知道真正在移動的是自由電子就行了」。

接著，我們稍微再深入挖掘一下電流方向的奧祕。

「正電荷的移動方向」在原則上跟「導線內的電場方向」一致。所謂的「電場方向」是指「高電位到低電位的方向」。換言之，如果不用電池等零件製造「電壓（電位差）」，電流就無法流動。而且就跟瀑布一樣，電流永遠是「從高處流向低處」。

那麼，下面我們將嘗試把電子運動模型化，來計算電流I的大小吧。

請看下圖，這是把導線大幅放大後的示意圖。

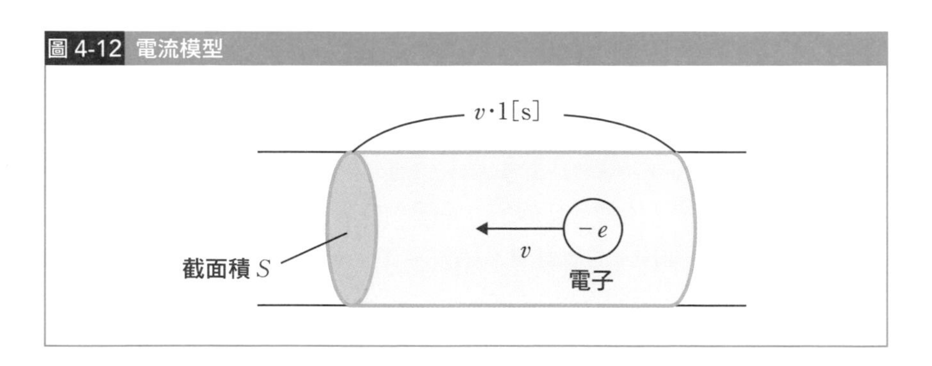

圖 4-12 電流模型

現在，假設電子為$-e$[C]，以v[m/s]的速度移動，導線的截面積是S[m^2]，且當中的自由電子密度是n[個/m^3]。自由電子密度是指1[m^3]的導線中存在幾個電子的意思。

在這個模型中，上圖粗線部分中的電子會在1[s]間內通過截面S。

而粗線部分中的電子個數，等於「電子密度n」與「粗線部分的體積Sv」的乘積，故為nSv個。

因此，可以用以下的數學式表現出電流I的大小。

《電流I的大小》

$I=$（1個電子的電量)×(總數)

$=|-e|\times nSv$

$=enSv$

用電阻和電流求電壓的「歐姆定律」

「歐姆定律」的背景

「歐姆（Ohm）定律」是個不論理組學生或文組學生都幾乎認識的知名定律。它在國中理化課也有登場，相信很多人都記得。

歐姆定律就是「$V=IR$」這個公式。這裡我們就來看看這個公式誕生的背景吧。

蓋歐格·西蒙·歐姆是出生在德國的物理學家，他的父親是一名鎖匠，而他本人則是學校的老師。有一次，他在放學後於任教學校的理科教室使用自製的實驗器材進行各種實驗時，發現「對迴路通以電壓V，使電流I通過迴路時，電流和電壓的比值總是差不多相同」。

因此，他把V和I的比值命名為「電阻」，即$\frac{V}{I}=R$。

換言之，「歐姆定律」其實是個**用來表達「電阻定義」的數學式**。

而歐姆則是「明確定義了電阻這個物理量的人」。正因為如此，大家才使用[Ω（歐姆）]當成電阻R的單位。

感覺我們之前好像也算過類似的東西對不對？對電容器施以電壓V，使電容器累積電荷Q時，其比值$\frac{Q}{V}=C$被稱為電容量。感覺跟電阻的由來很像對吧。

決定電阻的因素

接著，我們來詳細看看「電阻R」的特性。

思考有哪些因素可能會決定R的值時，可以推測出以下這2個定性因素。

①「導線長度愈長，則電阻愈大」→R與導線長l成正比

②「導線截面積愈大，則電阻愈小」→R與截面積S成反比

你可以把導線想像成吸管。

如果使用非常長的吸管來喝果汁，吸的過程將會非常費力對吧（電流比較難流動）。

同時，如果吸管愈粗，吸一次能夠通過的果汁愈多（電流愈容易通過）。換言之，在加上適當的比例常數ρ後，我們可以將R寫成如下的數學式。

圖 4-13 歐姆定律

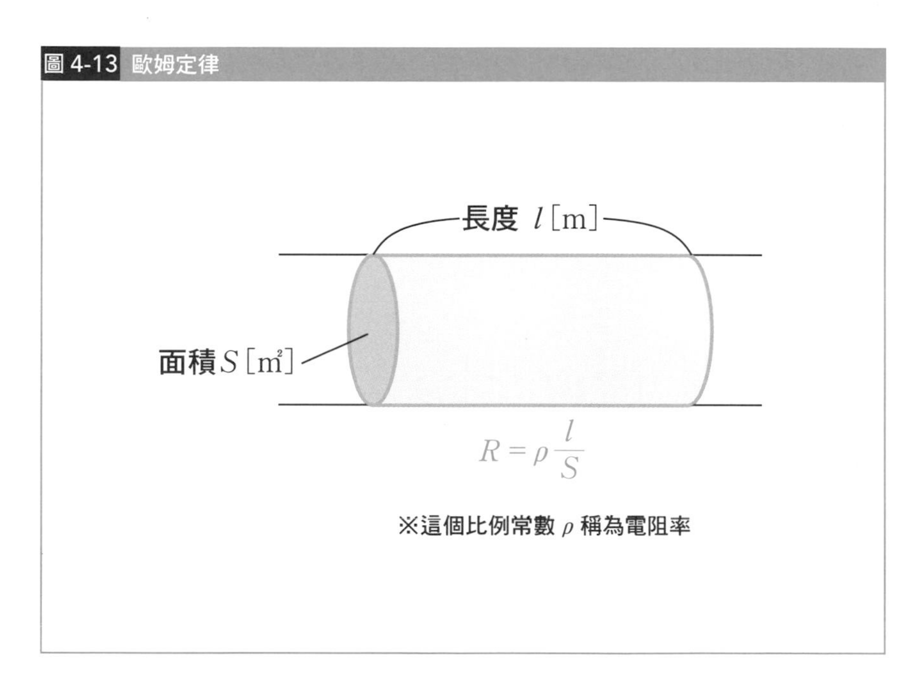

另外分享個小故事，以前的科學家還想出了「電阻R」的倒數這種物理量。

其單位是把「Ohm（歐姆）」反過來讀，也就是「mho（姆歐）」，但很可惜並未廣泛流行。

電流通過時產生的熱「電功率」

電流產生的「焦耳熱」

這世上應該沒有人不知道「電力」這個詞吧？一般而言，「電力」一詞有時也指「電功率」。

本節，我們就從物理學的角度來看看什麼是「電力」吧。

在日常生活中，各種家電產品、電腦以及手機等在長時間使用時，都會徐徐地發熱。

換言之，電器會**產生「熱能」**。

圖 4-14 焦耳熱

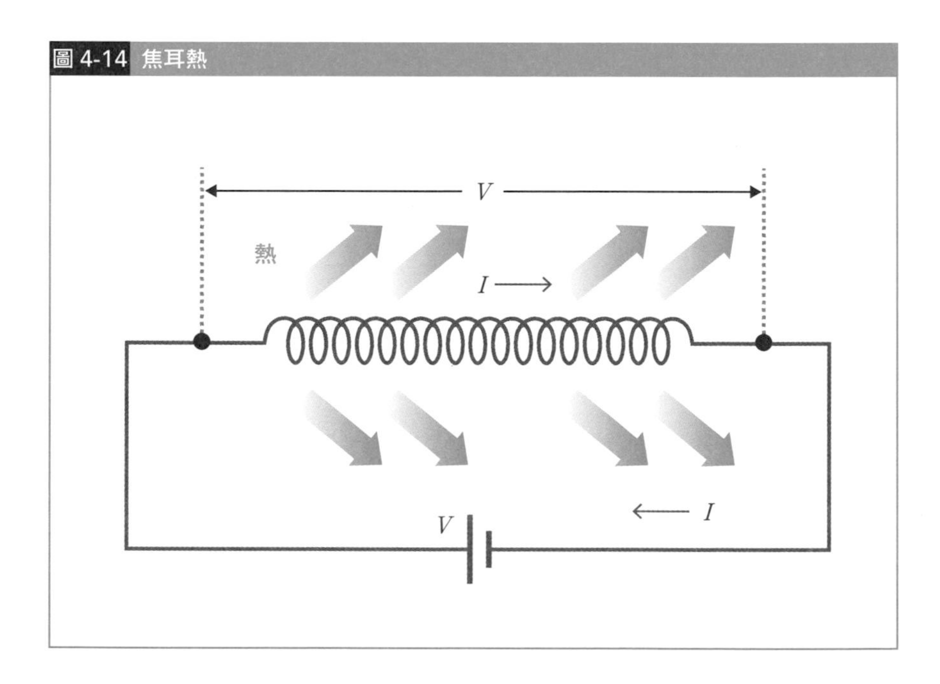

用電壓 V 在迴路上產生電流 I 時，必定也會產生熱量。此時產生的熱稱

為「**焦耳（Joule）熱**」。

焦耳熱的產生原因，是金屬內的陽離子等自由電子在移動時，因互相碰撞而發生熱振動。分子等粒子一旦振動，溫度便會上升，這件事我們已經在第2章介紹過了。

換句話說，若是電流全都轉化成熱能，那麼**「每單位時間內的焦耳熱」也可說是「電力」**。

比如，烤麵包用的「烤麵包機」等家電，就是利用焦耳熱來加熱食物的料理＝器具。

電力公司寄到大家家裡的電費帳單，上面都會記錄你們家上個月使用的電量，並依用電量決定要收取多少電費。

另外，電功率的數學式表現非常簡單。

以左圖為例，電池的電壓為 V，導線上的電流為 I，故電池每秒鐘會對迴路上的電荷做 IV 的功。

電荷每秒鐘都受到 IV 的功，意味著電荷的速度會愈來愈快，電流 I 的值也應不斷增加；但實際組裝同樣的迴路後，會發現 I 的值維持不變。這可以用做功 IV 全都轉換成了熱能（做熱功）釋放到空氣中來解釋。而這就是「電功率」。

電功率經常用 P 來表示。

因此，電功率 P 可表示成 $P = IV$，單位是[W（瓦特）]。

計算迴路之電流、電壓的「迴路方程式」

「迴路」就是「電荷的迴圈」

將俗稱電路元件的零件連上導線所形成的迴圈，稱為「迴路」或「電路」。總之，只要能繞一圈回到原點，就算是迴路。而迴路的目的，是為了獲得以下2種「電荷的資訊」。

- 電容器內「儲存電荷（累積在上面的電荷）」的資訊
- 通過電阻的「電流」資訊

而要找出這些「電荷資訊」的方法非常簡單。

那就是**建立「電荷（電流）守恆定律」和「迴路方程式」**。

電荷守恆定律

電荷是具有質量和電量的粒子。原則上，電荷不會憑空出現，也不會無故消滅。

讓我們用具體的例子來解釋這是什麼意思。

首先，從連接電容器之迴路的「電荷守恆定律」開始說明。

現在，思考某個如右頁圖片中的迴路。

這3個電容器中累積的電荷總和會是0，換言之，等於完全不帶電。

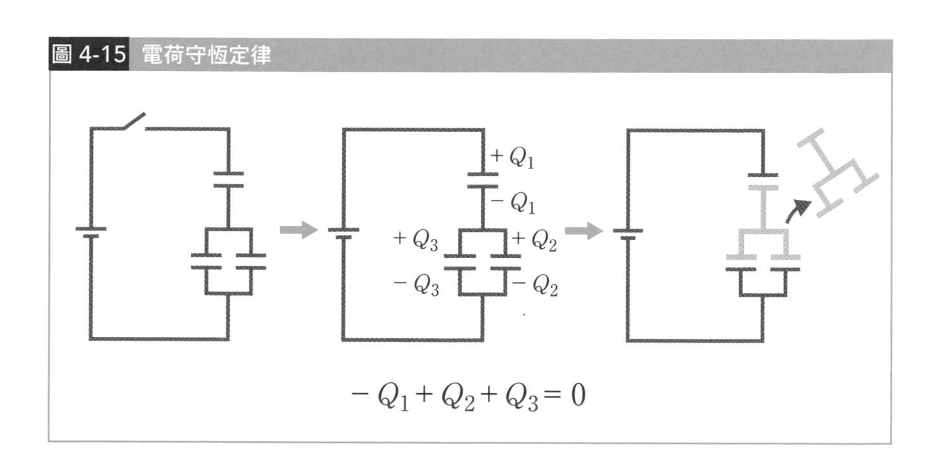

電流守恆定律

如下圖所示，若迴路中的某節點Ａ左側有電流I_1、I_2、I_3流入，而從右側流出的電流是i_1和i_2。當然，既然電荷不會憑空消失，而電荷流動形成的電流也不會消失，故可導出下式（順帶一提，這個式子又稱為「克希荷夫第一定律」）。

$$I_1+I_2+I_3=i_1+i_2$$

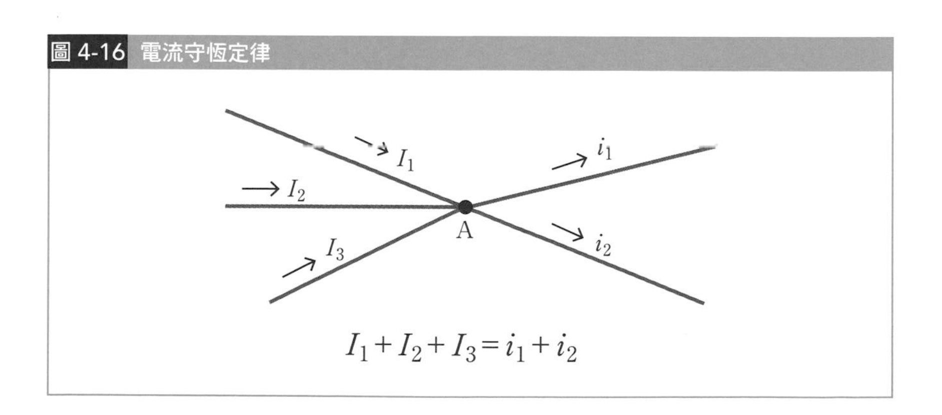

迴路方程式

那麼，接著思考的是分析迴路時最重要的「迴路方程式」。這又稱為**「克希荷夫第二定律」**。

原本，所謂的迴路就是指「繞一圈後會回到原點」的狀態。換句話說，從某迴路的某位置出發跑一圈回到原位時，過程中提升的電位一定等於下降的電位（電位就是電的位能，就像是電的「高度」）。下圖是由2個電阻和1個電池組成的簡單迴路。電池的電動勢為V，電阻分別是R_1、R_2。接著，假定通過電阻的電流。由於這個迴路沒有分叉，所以2個電阻的電流相同，都是電流I。

電阻上的電位差（電壓）則假設如下圖所示。

圖 4-17 迴路方程式①

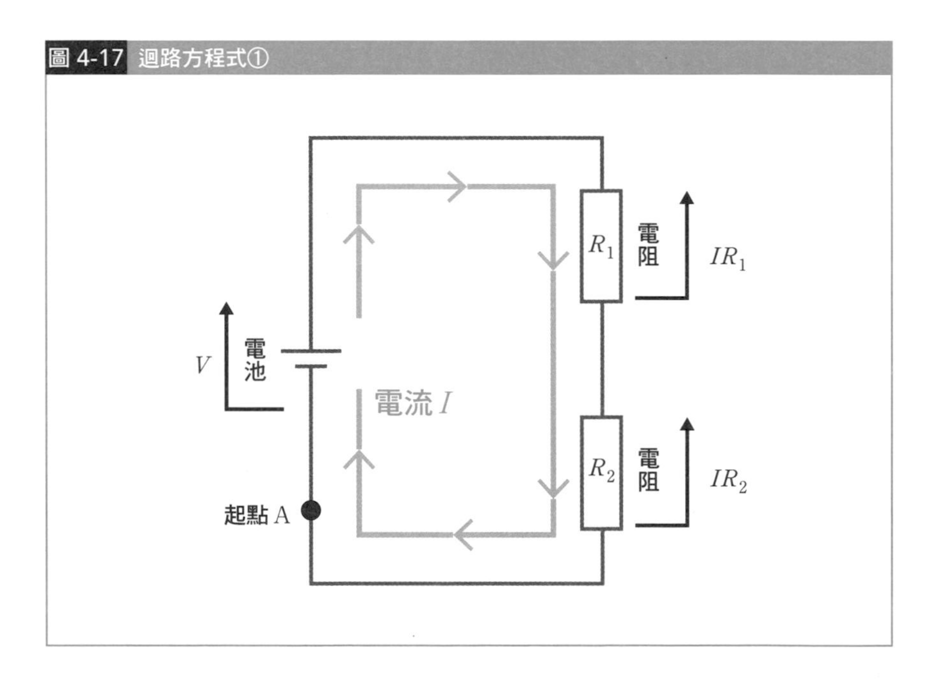

因為電流一定是從高電位流向低電位，所以在假定電流通過迴路時，電位的高低關係就已經確定了。

那麼，接著來看看這條迴路上的電位關係。我們可以把電荷繞著迴路跑一圈的過程比喻為「登山」。

就跟登山一樣，在爬上山頂後，最後一定得下山回家。

從迴路上的A點出發跑一圈時，電位會在電池的位置被「提升 V」。因此，如果電荷要回到A點，之後一定得再往下爬 V 的高度。

當然，如下圖所示，按照邏輯電荷經過2個電阻「R_1和R_2時一共會下降IR_1+IR_2的電位」。換言之，可以寫成「$V=IR_1+IR_2$」。這就稱為**「迴路方程式」**。

圖 4-18 迴路方程式②

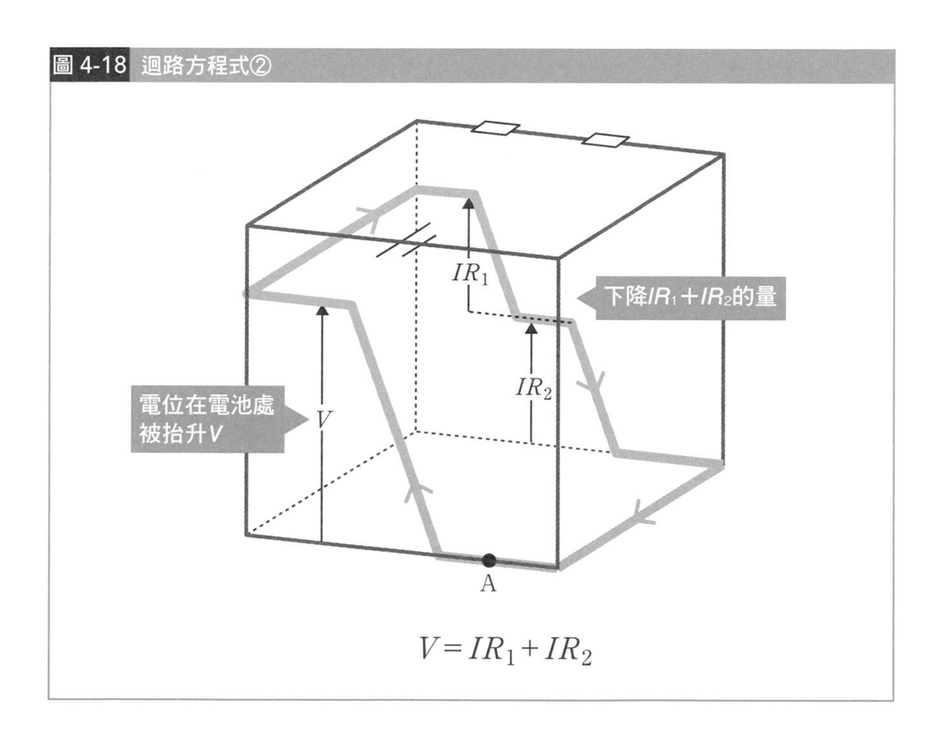

換句話說，如上圖所示，**「迴路方程式」便是用數學來表達「上升電壓＝下降電壓」**這件事。簡單來說，就是**「上升多少就要下降多少」**。

電荷在磁場受到的作用力「勞侖茲力」

電荷在磁場受到的作用力＝勞侖茲力

在電磁現象中除了很重要的「電場」之外，還有另一個「場」，也就是「磁場」。本節就來看看磁場。

「磁場」的作用對象究竟是什麼呢？

一直以來，科學家們都堅信「宇宙萬物一定是遵循著最協調、自治的規律在運作」。

而「對稱性」就是最具協調性的一個概念。研究數理的科學家都非常喜歡「對稱性」。

回想一下電場的知識。

電場的作用對象是「電荷」。而且依照馬克士威方程組①的高斯定律，電場也是由「電荷」產生的。

因此，科學家也非常盼望「磁場」具有同樣的性質，而大自然也回應了科學家的願望，讓這件事成為現實（磁場通常用B來表示）。

換言之，**科學家在實驗中發現：磁場產生的原因是「移動的電荷（電流）」，且磁場作用的對象也是「移動電荷」**。

前面說過，「電場」對「電荷」的作用力稱為「庫侖力」。

與此相對，「磁場」對「移動電荷」的作用力則被稱為「勞侖茲（Lorentz）力」。這個名稱源自於名為**亨德里克‧勞侖茲**的物理學家。勞侖茲對電磁現象的研究有巨大貢獻，甚至被愛因斯坦評價為「對我一生影響最大的人物」。

勞侖茲力的重點是只有「移動電荷」會受到磁場的作用力影響。磁場中靜止的電荷不會受到勞侖茲力作用。「移動」的意思，就是「具有速度」。

換言之，**「有速度的電荷」都會受到磁場影響**。

勞侖茲力的方向可以用**「弗萊明（Fleming）左手定則」**來判斷。這個定則是由名為**約翰•弗萊明**的英國電氣工程學家，為了幫助學生記憶而想出來的。這個定則指出，「電荷速度（流動方向）」、「磁場方向」、「勞侖茲力」的關係，依序對應下圖中「左手的中指、食指、拇指」。

圖 4-19 弗萊明左手定則

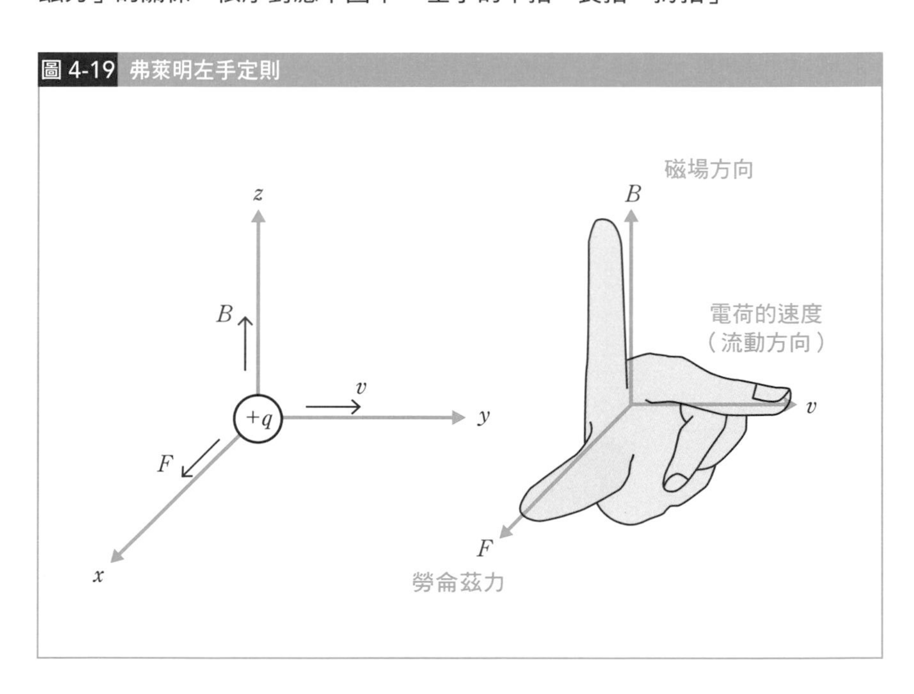

本圖中的勞侖茲力大小F可用下式表示。

$$F = qvB$$

電流受到來自磁場的作用力＝Ampère力

我們知道「移動電荷」會受到來自磁場的作用力。

既然如此，相當於「移動之電荷集團」的「電流」想當然也會受到勞侖茲力作用。

因此，這次我們再來思考看看磁場對「電流」會有什麼影響。

當電流通過導線時，可以觀察到導線彷彿受到某種力的作用。科學家從微觀的角度，用數學式計算了這股力的大小。

請看下圖。

圖 4-20 安培力

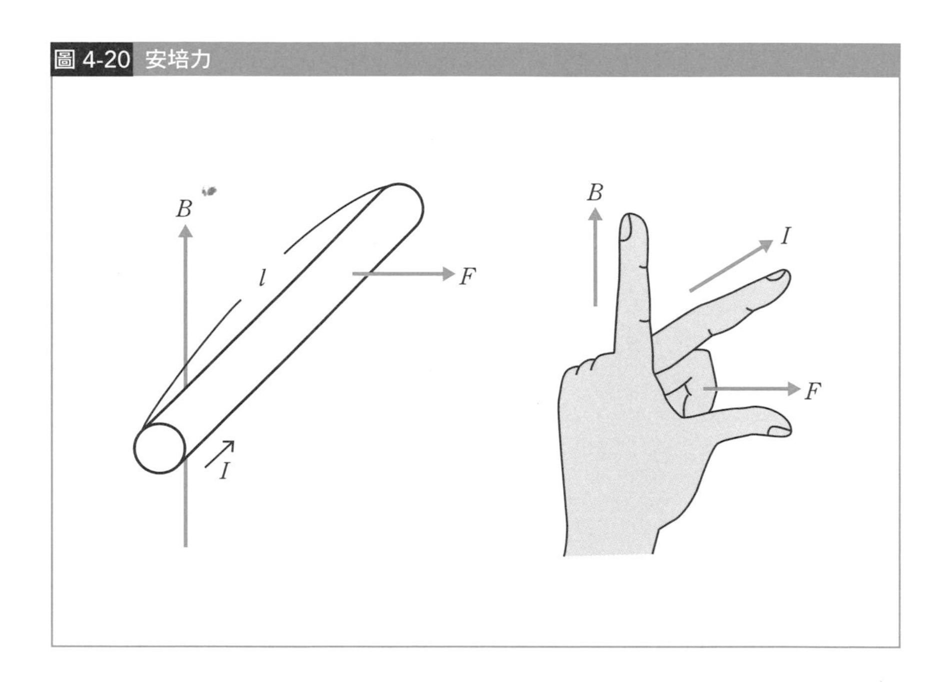

這是將導線放大後的模式圖。

我們假設導線截面積為S[m^2]，自由電子密度為n，自由電子的速度為v[m/s]。此時的電流大小是$I = enSv$。不過，在這裡要記得自由電子的前進方向和電流方向相反。電流所受的勞侖茲力又稱為**「安培力」**。在歷史上，科學家其實是先測量出「作用於電流的安培力」並將其公式化後，才將「作用於電荷的勞侖茲力」定量化的。

總之，作用在長度l的導線上的安培力，等於該導線所含的所有自由電子，即nSl個自由電子所受的勞侖茲力總和。因此，作用在導線本身的安培力也可以套用「弗萊明左手定則」。國小和國中時教的「弗萊明左手定則」主要就是用來判斷安培力的。

順便說個題外話，第1屆諾貝爾物理學獎的得主是**威廉‧倫琴**（X光的發現者），而第2屆諾貝爾物理學獎的得主就是亨德里克‧勞侖茲。

直流or交流

磁場B通常用[T（特斯拉）]當單位，這個單位來自曾在湯瑪斯‧愛迪生的公司工作過的**尼古拉‧特斯拉**。

但這2個人最終發生嚴重爭執，使特斯拉決定離開愛迪生的公司。

在特斯拉離開後，2個人的爭執更是愈演愈烈，後來更發展為俗稱「電流戰爭」的商業鬥爭。

愛迪生主張應該用「直流DC（Direct Current）」提供電力。

相對地，特斯拉認為用「交流AC（Alternating Current）」供電效率更好。

而這場「電流戰爭」，在經過各種理論和實驗研究後，最終由特斯拉獲得勝利。

因此，現在一般家庭所用的電流都是「110[V]的交流電源」。

表示磁場狀態的「安培右手定則」

磁場的產生

前面說過，馬克士威方程組②表明了「磁單極」不存在。換句話說，該定律表明了「磁場是由電場的時間變化（電流）產生」。所以，本節我們要介紹常被用來判斷電流通過時的「磁場狀態」的「安培右手定則」。

地球的磁場＝地磁場

地球這顆行星擁有自己的磁場。這個磁場稱為「地磁場」。

在地球物理學中，過去科學家曾經想過「地球內部是否存在類似「電流」的東西？」這個問題。而現代普遍認為地球內部存在一層由熔融的鐵和鎳組成的「外核」，形成源源不斷的對流，這個對流就相當於「電流」，形成了地球的磁場。這稱為「發電機理論」（順帶一提，地球的北極相當於磁鐵的S極，南極則是N極）。

圖 4-21 地磁場

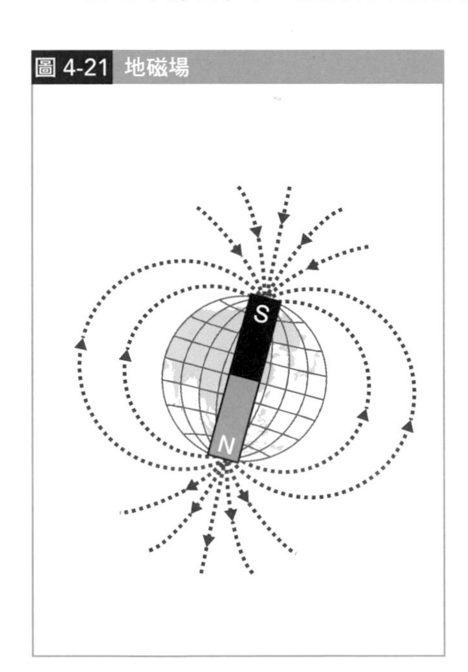

磁場的形成方式

磁場是由丹麥科學家**漢斯・克里斯蒂安・厄斯特**在一次偶然中發現的。在發現磁場後，法國科學家**德烈-馬里・安培**又就「磁場的形成方式」整理出了以下規律。

「右手握拳豎起拇指，電流方向與拇指相同，磁場方向與四指握拳方向相同。」

這個規律稱為「安培右手定則」或「螺絲釘定則」。

圖 4-22 安培右手定則

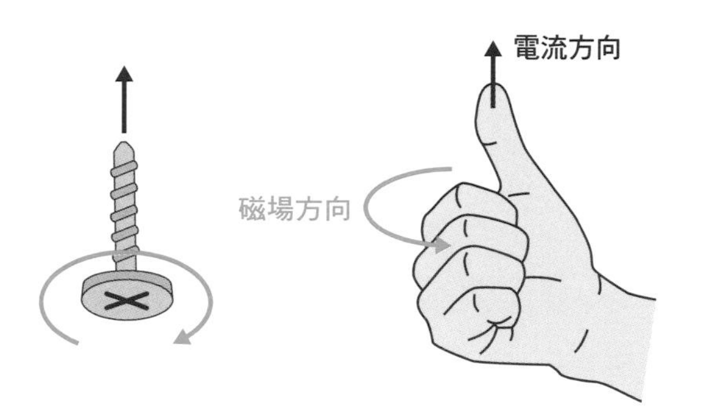

將右手握拳、豎起拇指，此時拇指方向即電流方向（某些情況是磁場方向），另外四指則是磁場方向（某些情況是電流方向）。在本插圖中，四指方向是磁場方向，拇指是電流方向

電流產生的磁場

透過下面的3個具體例子，看看電流是如何產生磁場的吧。

圖 4-23 電流產生的磁場（直線電流）

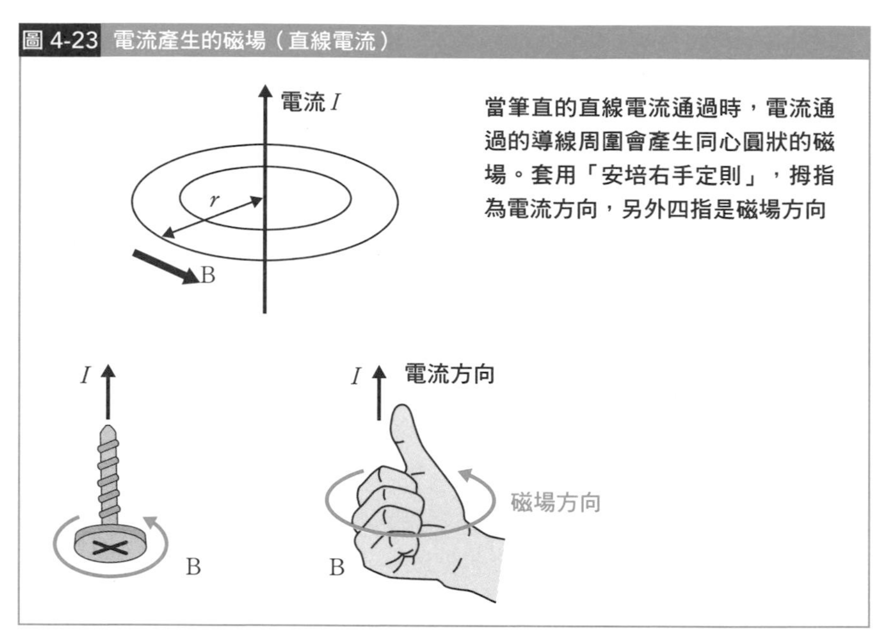

圖 4-24 電流產生的磁場（圓形線圈）

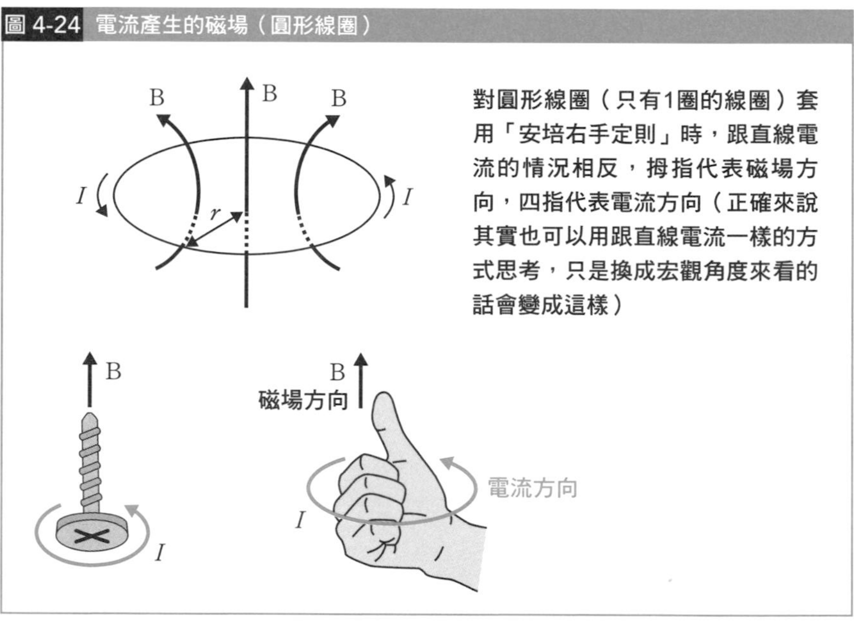

圖 4-25 電流產生的磁場（螺線管）

螺線管

B

I

電流 I

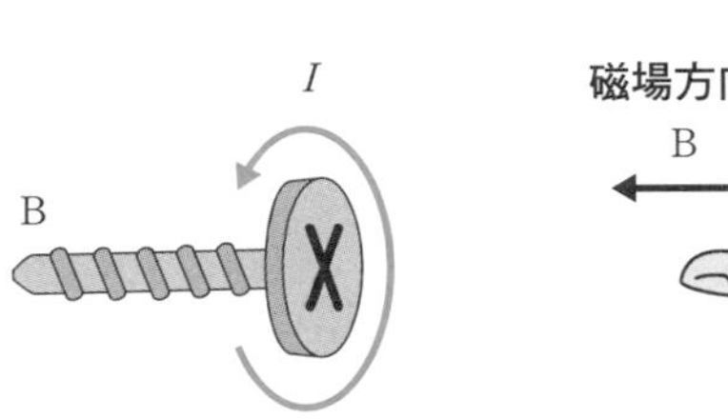

磁場方向

B

電流方向

在螺線管（將導線捲成螺狀的線圈）中，根據「安培右手定則」，拇指代表磁場方向，四指代表電流方向。以本圖來說，這個線圈會變成一個左邊為N極，右邊為S極的「磁鐵」

磁場變化可以產生「電場」

感應電流和感應電壓

接下來要進入馬克士威方程組③的部分。

一圈一圈纏起來的導線俗稱「線圈（螺線管）」。

如同前述，電流通過線圈時，會形成一個穿過線圈中間的「磁場」。

相反地，如果在線圈周圍移動磁鐵，即使線圈沒有連接電池，也會有電流流過線圈。

這種藉由改變線圈內部的「磁場」來產生電流的現象，稱為**「電磁感應」**。而此時產生的電流稱為**「感應電流」**，電壓則稱為**「感應電壓」**。

法拉第感受到的天啟

前述的麥可•法拉第，由於家境貧困，直到13歲時都在書本裝訂店工作，負責用手工把一本本的書裝訂起來。據說，法拉第常常利用工作的休息時間閱讀自己裝訂的科學書籍，思考科學的問題。

後來，在幸運女神的眷顧下，法拉第成為當時著名的科學家漢弗里•戴維的實驗助手，並注意到厄斯特先前在實驗中觀察到的「電流通過導線時，指南針的指針會移動」的現象。

於是，法拉第心想：「既然電荷移動能產生磁場，那麼**移動**磁場（即磁鐵）的話，是不是也能產生電流呢？」

法拉第這個發想的非凡之處，在於他想到的不是「單純**擺放**磁鐵」，而想到要「**移動**磁鐵」。這可以說是法拉第感受到的天啟也不為過。

磁場「厭惡變化」

在介紹電磁感應之前，要先確認一下線圈的性質。

用一句話形容，**「線圈」就像「愛作怪的搗蛋鬼」**。

被誇獎也不會感到開心，被辱罵了就不高興，會用力頂撞回去，總而言之是個「抗拒變化的零件」。

認識這點後，會更容易理解下面的「電磁感應」。

線圈的電磁感應

那麼，接著要講解「線圈的電磁感應」。

如下圖所示，想像某個只有1圈導線的單圈線圈。

圖 4-26 線圈的電磁感應①

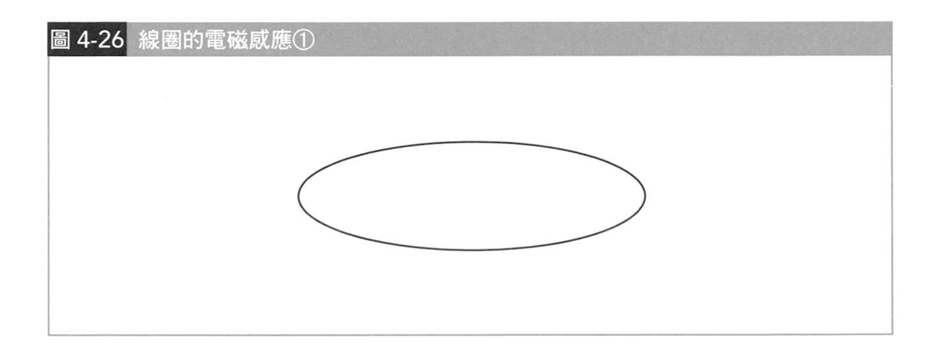

接著如下一頁的圖，將磁鐵的N極，以朝下的「磁場」穿過線圈。

如果這個「線圈」擁有意志的話，此時就會心想：「奇怪？我好不容易才找到一個沒有磁場的地方可以悠哉休息，怎麼突然冒出向下的磁場！我無論如何都要設法變回沒有磁場的狀態！對了，不如製造一個向上的磁場，來抵消這個向下的磁場吧！」

圖 4-27 線圈的電磁感應②

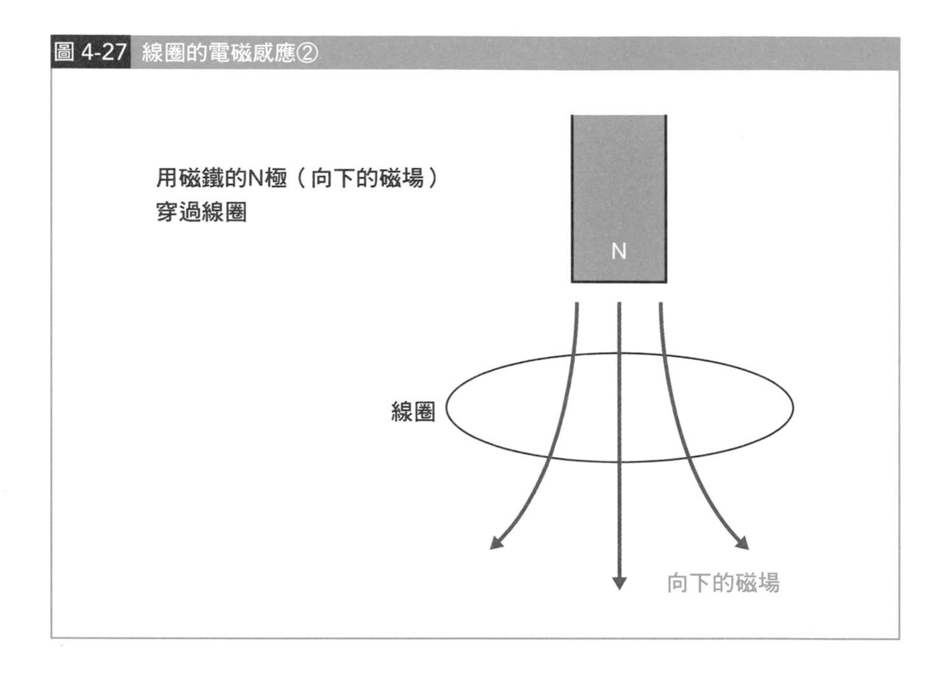

於是，「線圈」為了製造「向上的磁場」，就在沒有電池的情況下，如右頁的圖般「自發地」產生「電流（感應電流）」，**自己創造「向上的磁場」，以抵減「向下的磁場」**。

據說某一次法拉第在演講上發表自己對「電磁感應」的發現時，台下的婦女曾問他：「所以這到底有什麼用呢？」

當時，據說法拉第回答道：「那麼我反問您，這位夫人，請問您覺得剛出生的小嬰兒又有什麼用呢？」

圖 4-28 線圈的電磁感應③

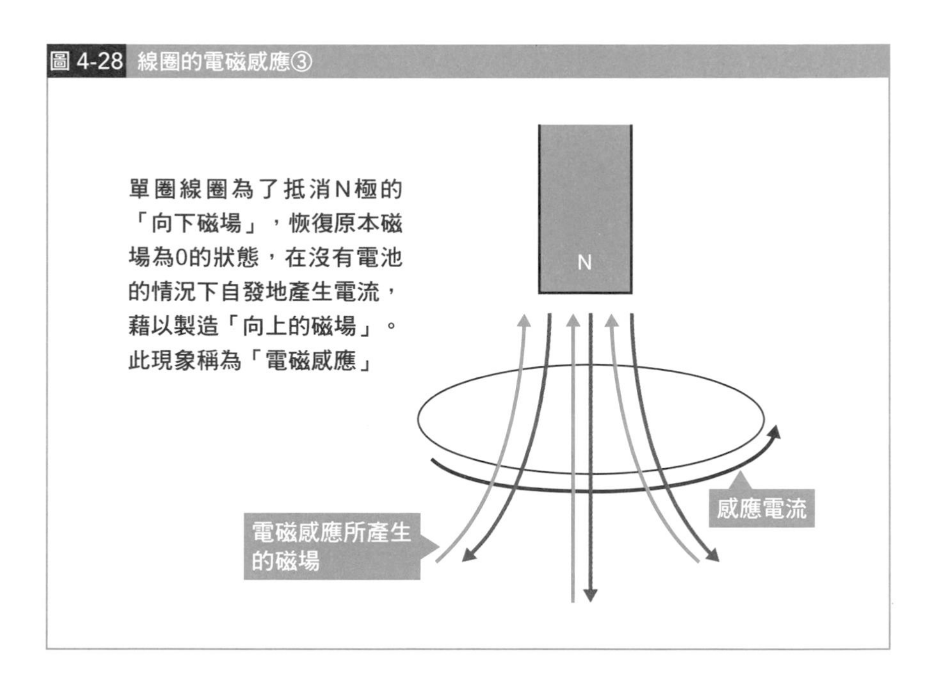

當時那個名為「電磁感應」的小嬰兒，如今已成長為現代人日常生活中不可缺少的存在。

從發電機到智慧手機、無線充電、交通工具的感應票卡、加熱食物的電磁爐、腳踏車上只要踩踏板就能發亮的車燈等等，我們周遭的各種事物都應用到了「電磁感應」。科學真的就像「生物」一樣，未來能夠成長為什麼模樣，端看後續的研究。

順帶一提，日本的「交流電」頻率在東日本是50[Hz]，在西日本是60[Hz]。同一個國家的電流頻率不統一，在國際上是非常罕見的例子。而這主要是日本在明治時代從外國引進發電機時，東京的電力公司採購了50[Hz]的德國製發電機，但大阪的電力公司卻採購60[Hz]的美製發電機，結果當時的規格一直沿用至今。

第5章

原子物理學

「古典物理學」到「現代物理學」的轉換期

新物理學的黎明

至今為止講解的內容，皆源自17世紀牛頓發現的運動方程式，可謂是古典力學（牛頓力學）的歷史。

但古典力學的故事在19世紀末迎來了終結。

因為在當時，科學家漸漸開始觀測到用牛頓力學無法解釋的現象，特別是在微觀的世界。

於是在19世紀末期，物理學發生了一次從古典物理學到現代物理學的典範轉移。

相對論和以量子力學為主的量子論，都屬於高階的大學物理範疇，所以本書並不討論。

在本書的最終章，也就是第5章要介紹的，是名為原子物理學的領域。原子物理學是在古典物理學到現代物理學的轉換期中發展起來的物理，在歷史上又被稱為「舊量子論」。

原子物理學最大的研究焦點是「光」。

從下一節開始，我們將介紹當時的科學家們在遇到傳統的古典物理學無法解釋的光現象時，都採取了哪些途徑來探究這些現象背後的原理。

第 5 章 【原子物理學】概覽圖

舊量子論

從古典物理學的局限日益明顯的19世紀末前後，到量子論（現代物理學）建立之前的過渡期

光電效應

為什麼金屬內部會有電子飛出？

- 光子假說

光的二象性

光既是粒子，也是波動

- 物質波

原子模型的變遷

探究原子結構的科學家們

- 波耳的氫原子模型

原子核

由質子和中子結合而成的原子的核心粒子

- 質量與能量
- 原子核的衰變
- 衰變的情形

研究原子等級微觀世界的「舊量子論」

從古典物理學轉向現代物理學

在19世紀後半葉，科學家開始陸續觀測到用前面介紹的「力學」、「波動」、「電磁學」等古典物理學無法說明的現象，特別是在微觀（micro）的世界。於是，**物理學出現了從古典物理學轉向現代物理學的需求**。

借用美國哲學家托馬斯•孔恩的話來說，便是物理學發生了一次「世界觀的轉換，典範的轉移」。

本章，我將帶領大家展開最後一場知性的大冒險，看看當時的科學家們是如何通過原子物理學找出古典物理學的極限，以及這個極限產生的原因，並想出了哪些點子來突破這個極限。

關於「光」的難題

在19世紀末，物理學這門學問曾遇上一次終結的危機。

19世紀最具代表性地位的物理學者、眾所周知的克耳文男爵，曾在某次演講會上如此說道：**「這世上已幾乎沒有物理學無法解決的問題。只要再解開最後2個難題，物理學這門學問就大功告成了。」**

而這2個「難題」，其實正是讓物理學從傳統物理學，即古典物理學一口氣飛躍到現代物理學的重大問題。

那麼，究竟是什麼樣的難題，困擾了古典物理學這麼久呢？

最典型的例子，就是「光」。

電子從金屬內飛出的「光電效應」

光電效應

由於牛頓認為這世上所有現象都是「粒子導致」，所以牛頓派的科學家也認為「光是一種粒子」。

但在1805年左右，英國物理學家**湯瑪士・楊格**在**「雙縫實驗」**中發現光具有粒子絕對不可能擁有、只有波動才有的「干涉（簡單說就是『疊加』的意思）」現象。

於是，「光是一種波」的認知開始逐漸流行（順帶一提，楊格同時也是醫生，還曾解讀過羅塞塔石碑，是位通才）。

在楊格的雙縫實驗後，時間來到19世紀後半，德國物理學家**威廉・霍爾伐克士**和**菲利普・萊納德**等人又發現了**「光電效應」**現象的存在。所謂的光電效應，簡單來說就是**「用特定頻率的光線照射金屬時，電子會從金屬內飛出的現象」**（此時飛出的電子稱為**「光電子」**）。

這個現象本身非常簡單，科學家很快就猜想應該是金屬內的電子**「以某種形式從光得到能量」**而飛出。

光電效應的特徵

首先，按照已知的定理思考光電效應現象，可推測飛出的電子**「必須得到一定程度的能量才會飛出來」**。這是因為金屬在正常情況下不會自己釋放電子。

圖 5-1　光電效應

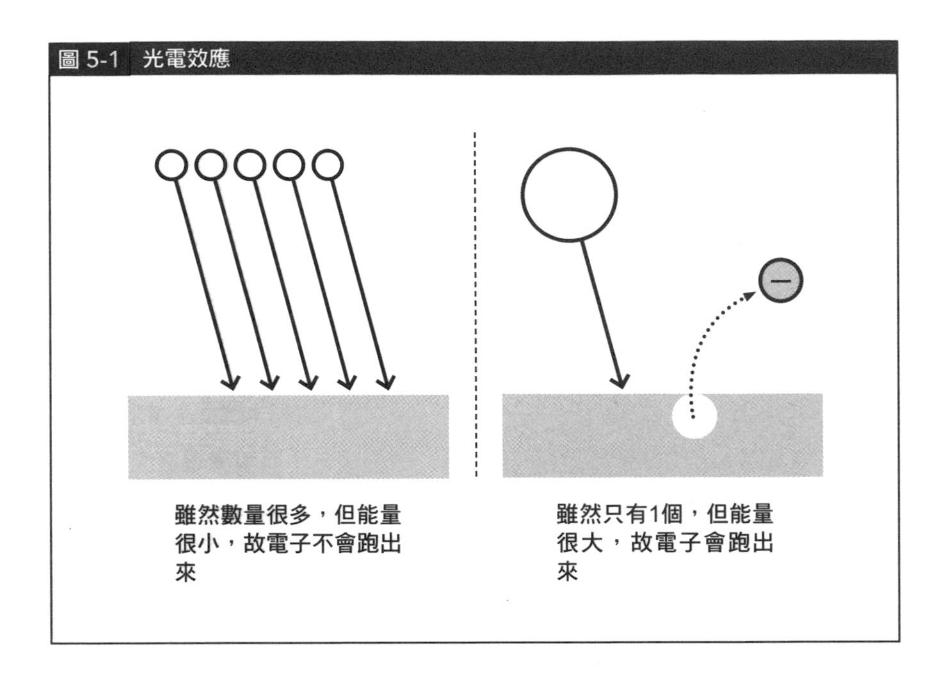

若沒有最低限度的能量門檻，那麼電子應該會全世界到處亂飛。根據以上推理，從金屬飛出的光電子應該具有最大$\frac{1}{2}mv_{MAX}^2$的動能。**「以某種形式從光得到的能量」**減去**「使電子飛出所需的最低能量」**後，得到的值應該就是光電子的動能最大值$\frac{1}{2}mv_{MAX}^2$，故以下等式應該成立。

$$\frac{1}{2}mv_{MAX}^2 = \left[\text{從光得到的能量}\right] - \left[\text{使電子飛出所需的最低能量}\right]$$

此時，**【使電子飛出所需的最低能量】**稱為該金屬的「功函數 W」。雖然上面的等式成立這件事本身沒什麼問題，但**「以某種形式從光得到能量」**這一點，在古典物理學上卻無法解釋。

把光當成粒子思考的「光子假說」

因古典物理學產生的矛盾

根據實驗，科學家們發現「光電效應」具有以下幾個特徵。

①只有「一定頻率」以上的光才能產生「光電效應」。（這個「一定頻率」稱為極限頻率ν_0）
②若光的頻率小於極限頻率ν_0，不論亮度再大也不會產生光電子
③當光的頻率大於極限頻率ν_0時，光電子的數量與光的亮度成正比

在「舊量子論」中，光的頻率通常不用f表示，更常寫成ν（nu）。若使用「古典物理學」解釋上述的實驗結果，就會產生矛盾。這個結果簡單來說，就是當照射光的頻率夠高時，電子就會飛出，若頻率太低則電子不會飛出。

根據我們以前在「波動」學到的「$v=f\lambda$」公式，可知「$\lambda=\frac{v}{f}$」，故「頻率愈高＝波長愈短」且「頻率愈低＝波長愈長」。以人類肉眼可見的光為例，紫光的波長較短，而紅光的波長較長。換言之，可以得到「用偏紫的光照射，就算亮度很暗，也會馬上有光電子飛出」以及「用偏紅的光照射，不論亮度再高，也不會有任何光電子飛出」的結論。而這個事實困擾了許多科學家。

就在此時，或許可說是20世紀最有名也最偉大的科學家——**阿爾伯特•愛因斯坦**出場了。

愛因斯坦的光（量）子假說

愛因斯坦在考上大學後，原本是立志要留在大學成為學者，但由於跟教授們處得不好，後來便離開了大學。大學畢業後，他跟大學時期認識的同校同學結婚，靠當家教謀生。

後來，他在朋友的引薦下終於拿到一份瑞士專利局的工作。1905年，即在專利局任職期間，年僅26歲的愛因斯坦發表了3篇論文。其中一篇便是接下來將要介紹的「光量子假說（當時的人們將光子稱為光量子）」論文（另外2篇的主題分別是「布朗運動」和「狹義相對論」，也因此1905年後來在物理學界被稱為「愛因斯坦奇蹟年」）。

愛因斯坦的「光子假說」提出了如下主張。

> 光是由離散的**「光子」**組成，具有**「粒子的」**表現，且「1粒」光子的能量為$E = h\nu$

h是用**馬克斯‧普朗克**命名的「普朗克常數」，而此常數的值為$h = 6.63 \times 10^{-34}$[J‧s]，是個非常小的常數。這個h之後還會在很多地方出現，請牢牢記在腦海裡。

而愛因斯坦提出的「光子假說」中的「光子」，英文是photon。字尾的on就是「粒子」的「子」之意。換言之，愛因斯坦主張「可以把光想成一種粒子」。這個想法當然違背了「古典物理學」，卻很好地解釋了「光電效應」。

換言之，「紫光不論多暗也能使電子飛出，紅光不論多亮也不能使電子飛出」這件事，可以用下面的方式來說明。

光的亮度高代表「光子的個數」多，而紅光的頻率ν很小，代表每粒光子的能量$h\nu$很小。而光的亮度低代表「光子的個數」少，但紫光的頻率ν很大，所以每粒光子的能量$h\nu$也大。因此，能量大的紫光可以產生「光電效應」。

如果硬要比喻的話，這就好像用幾萬顆彈珠也無法打壞牆壁，但用1塊大岩石就能砸壞牆壁（愛因斯坦在1921年拿到諾貝爾獎的獲獎原因，就是「解開了光電效應的原理」。並不是因為提出有名的「相對論」而獲獎的）。

那麼，我們再重新看一遍上一節登場的「光電子動能最大值」的計算式吧。

$$\frac{1}{2}mv_{MAX}^2 = \left[\begin{array}{c}\text{從光得到的}\\\text{能量}\end{array}\right] - \left[\begin{array}{c}\text{使電子飛出}\\\text{所需的最低能量}\end{array}\right]$$

這裡面的【使電子飛出所需的最低能量】稱為「功函數 W」。

而根據愛因斯坦的「光子假說」，現在我們知道【從光得到的能量】就是1粒光子的能量，可以寫成$E = hv$。故整理之後便得到以下等式。

$$\frac{1}{2}mv_{MAX}^2 = hv - W$$

這個等式就稱為**「光電方程式」**。

另外，以光電子動能的最大值$\frac{1}{2}mv_{MAX}^2$為縱軸，以頻率v為橫軸畫座標圖，將會得到下一頁的圖。

圖 5-2 光電方程式

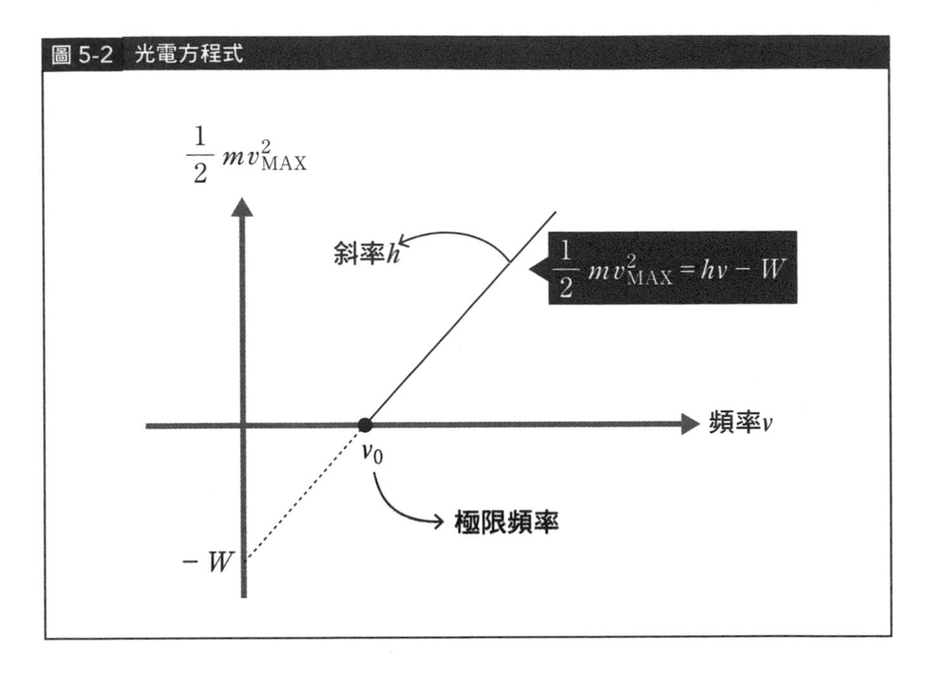

斜率是普朗克常數h，截距是$-W$。

另外當$\frac{1}{2}mv^2_{MAX}=0$時，極限頻率為ν_0，當光的頻率低於此值時就不會發生光電效應，故用虛線表示。

光的性質是波？還是粒子？

光的「二象性」

愛因斯坦的光子假說，藉由「把光看成一種粒子」成功解釋了「光電效應」。

然而，如果真的把光當成一種粒子，則變成無法解釋楊格的雙縫實驗。**因此就產生「光究竟是波還是粒子？」的問題。**

而愛因斯坦的答案，是「光既是粒子，也是波」。

在主張光是粒子時不否定「光的波動性」，就是愛因斯坦的頭腦靈活之處。他既承認光的「波動性」，也認為光具有「粒子性」，用了折衷的方式來理解光。於是，**現在科學界普遍認為光同時具有「波動性」和「粒子性」這2種性質**。

這兩者合稱為「波粒二象性」。而這個「二象性」之後將成為「舊量子論」的關鍵性質。

在「二象性」的概念剛誕生時，曾在物理學界引起巨大的混亂。因為波動的英文稱為「wave」，而粒子是「particle」，所以也有群人將兼具這2種性質的光稱為「wavicle」。

據說當時還出現一個笑話，調侃物理學家在週一、三、五把光當成「波動」，週二、四、六當成「粒子」。

各位可以這麼理解：光是種只在人類使用「某種手段」觀測時才會出現的東西，而使用不同的「手段」觀測時，光會展現出「波粒二象性」的其中一面。

顯示電子波動性的物質波（德布羅意波）

物質的「波動性」

如同前一節所述，光是兼具「波動性」和「粒子性」的「二象性」存在。

而我們在第4章的電磁學曾經提過，科學家非常喜歡「對稱性」。許多科學家都相信這個世界是由具穩定規律的法則主宰，而這個法則的其中一個特徵便是具有「對稱性」。

1924年，法國貴族兼物理學家**路易•德布羅意**提出一項主張，認為「既然光具有二象性，那麼長久以來被人們當成粒子看待的電子等粒子，應該也存在波動性才對」。

換言之，德布羅意認為既然光可以同時具備「波動性」和「粒子性」，那電子只有「粒子性」的話就太奇怪了，所以電子一定也具有「波動性」。

德布羅意將表示物質「波動性」的物理量稱為「物質波（或德布羅意波）」，並用下面的數學式來表示其波長λ。

$$\lambda = \frac{h}{mv}$$

另外，後來美國的**柯林頓•戴維孫**、**雷斯特•革末**，以及日本的**菊池正士**等人用實驗驗證德布羅意的假說，確認了物質波是真實存在的。

原子模型的歷史

最早的原子模型

在19世紀後半葉，英國的知名物理學家**J‧J‧湯姆森**在陰極射線實驗中發現了「電子」。湯姆森認為電子是從原子內部飛出來的東西，於是開始研究原子的結構。

湯姆森推論：「電子帶負電荷→但原子是電中性→故原子內部一定存在某種不同於電子又帶正電荷的成分」，並根據以上推論建立了「原子模型」。

湯姆森在1903年時想像的原子，是個「帶有正電荷的生麵糰，裡面塞了許多帶負電荷的葡萄乾（電子）」，結構有如葡萄乾麵包的東西。由於這種麵包在英國俗稱「葡萄乾布丁」，故此模型也被稱為**「葡萄乾布丁模型」**。

而在幾乎同一時期，日本的**長岡半太郎**也在建構自己的原子模型。長岡想像的原子是個「以帶正電的土星為中心，周圍環繞著帶負電荷的土星環（電子）的星球」。這個結構也被稱為**「土星模型」**。

拉塞福模型

這2個人的原子模型截然不同。直到大約10年後，**歐尼斯特‧拉塞福**才在實驗中確認了到底哪種模型更接近真實（實際執行實驗的是拉塞福實驗室的學者們）。當時，拉塞福進行了放射線實驗。他用帶正電荷的放射線照射原子，發現擊中原子中心部分的放射線會像下頁的圖那樣散射。

圖 5-3　拉塞福的實驗

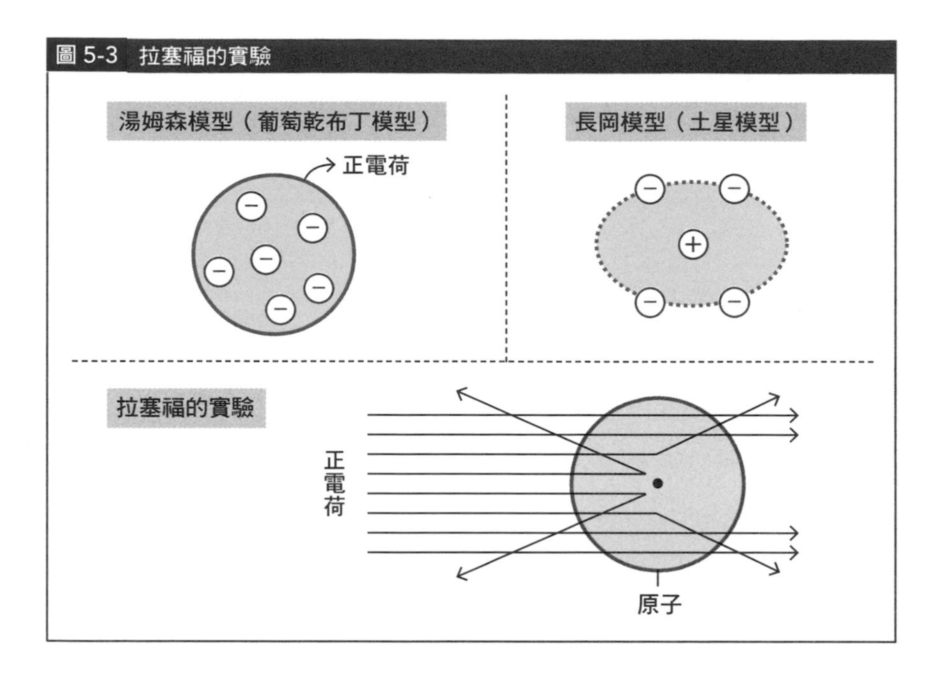

根據實驗的結果，拉塞福推測「原子的中心有個體積非常小，帶有正電荷的核心」，並將其取名為**「原子核」**。

雖然看起來是「長岡模型」更接近真實一點，但「湯姆森模型」和「長岡模型」都把正電荷設定成是非常龐大的東西，所以兩者其實都不正確。事實上，「原子核」只占整個原子的1萬～10萬分之1左右。最後拉塞福發現，原子具有「原子的中心有個體積很小的原子核」和「電子會在原子核周圍穩定繞轉」的性質。在國中理化課上，應該都告訴大家原子就長得像拉塞福認為的那樣。

然而，拉塞福的模型其實也是有問題的。按照拉塞福的想法，電子會不停繞著原子核公轉並放出能量（電磁波），因此照理說電子的能量應該會在繞轉時不斷衰減，最終像水槽裡的水被吸進排水口一樣，瞬間墜落到原子核內。而最終解決這個問題，為原子結構拍板定案的，其實是拉塞福的學生尼爾斯・波耳。

波耳的氫原子模型

波耳的想法

為了解決老師拉塞福的原子模型中的缺陷，波耳先建立了可以完美解釋此問題的假說：

①電子只會存在於特定的不連續階層式軌道上（電子待在該軌道上時的狀態稱為穩態）
②電子處於穩態時不會放出電磁波（能量）

圖 5-4 氫原子模型①

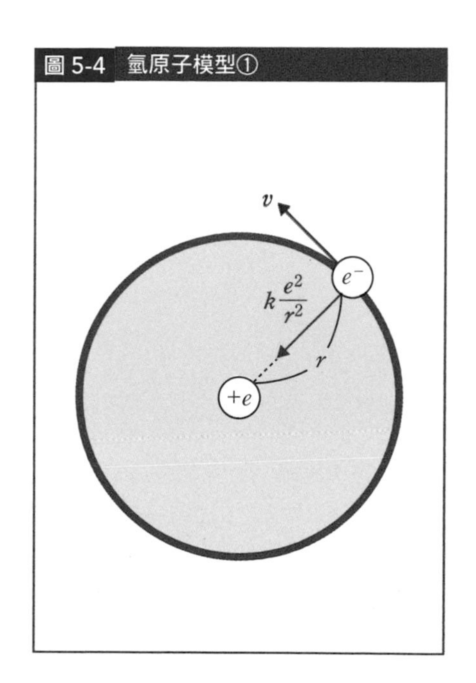

接著，波耳為氫原子建立如下的模型。

現在，假設電子e^-在氫原子核周圍半徑r的軌道上穩定地做圓周運動。因為是做圓周運動，所以會存在向心力。向心力就是在原子核的正電荷和電子的負電荷之間作用的庫侖力。而其電量分別是$+e$、$-e$（e當然就是基本電荷）。

於是，它的**「向心運動方程式」**便是$m\frac{v^2}{r}=k\frac{e^2}{r^2}$。接著，波耳在這裡加入了下面的「量子條件」，嘗試解釋氫原子的模型。

$$2\pi r = n\lambda$$

（n是自然數，稱為量子數）

這個「量子條件」可以解釋成**「電子不是以粒子，而是以物質波（德布羅意波）的形式穩定存在於原子核周圍，並形成駐波」**。換言之，如下圖所示，「原子的圓周一定是物質波λ波長的整數倍」（圖為量子數$n=4$的情況）。

而如前一節所述，物質波λ的數學式如下。

$$\lambda = \frac{h}{mv}$$

因此剛剛的「量子條件」可以寫成$2\pi r = n\frac{h}{mv}$。而此式在移項變化後又可以得到如下結果。

圖 5-5　氫原子模型②

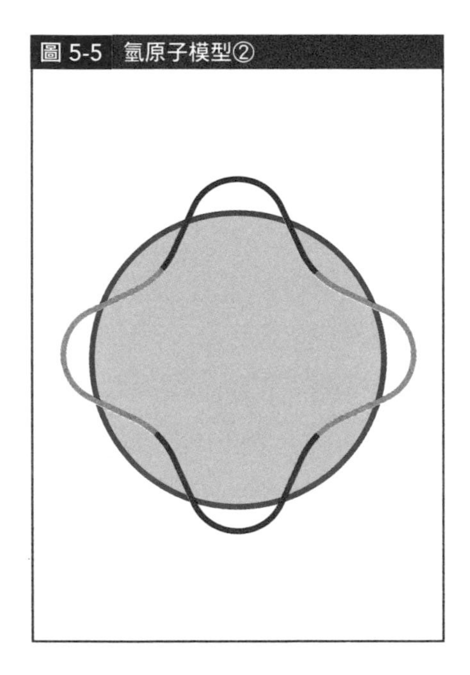

$$v = \frac{nh}{2\pi mr}$$

將上式代入下面的向心運動方程式後加以整理，即可求出氫原子的半徑r。

$$m\frac{v^2}{r} = k\frac{e^2}{r^2}$$

結果便是下一頁包含自然數之量子數的式子，由於r值畫成圖後會是階梯狀鋸齒線，故為不連續的階層式軌道。

$$r=\frac{h^2}{4\pi^2 mke^2}n^2$$

$n=1$時的氫原子半徑稱為波耳半徑，其值為0.53×10^{-10}[m]，這個數字是計算原子大小時的測量標準。

因此，原子的大小大約是10^{-10}[m]左右。

另外，由於量子數n的能量等於電子擁有的「動能」和「由庫侖力產生的位能（靜電能）」之和，故可用以下方式算出。這個能量稱為**「能階（Energy level）」**。

圖 5-6　氫原子模型③

$$E_n=\frac{1}{2}mv^2+\left(-k\frac{e^2}{r}\right)$$

$$=\frac{1}{2}\cdot\frac{ke^2}{r}-k\frac{e^2}{r}$$

由$m\cdot\frac{v^2}{r}=k\frac{e^2}{r^2}$可得

$$mv^2=k\frac{e^2}{r}$$

$$=-\frac{ke^2}{2r}$$

$$=-\frac{2\pi^2k^2me^4}{h^2}\cdot\frac{1}{n^2}$$

$$r=\frac{h^2}{4\pi^2kme^2}\cdot n^2$$

其實，質量就是能量

愛因斯坦顛覆常識的主張

先前說過，1905年在物理學界又被稱為「愛因斯坦奇蹟年」。

這一年，愛因斯坦連續發表了3篇論文。而在其中一篇的「狹義相對論」中，愛因斯坦主張質量和能量其實是等價的。他認為若假設光速是c，則質量和能量存在以下關係。

$$E = mc^2$$

這恐怕是物理學中最有名的公式。

這個公式徹底顛覆了過去「質量和能量是不同東西」的概念，是堪稱革命性的見解。

這個式子告訴我們：**「質量其實就是能量。這兩者之間存在互換關係。質量可以產生能量，能量也可以產生質量」**。

在發表之初，由於這個式子太過違背原有的常識，因此並未受到學界重視。直到獲得馬克斯‧普朗克的支持後，才慢慢被物理學界認可。

能量可以變成各種形式，例如熱能、電能、音能、位能、動能等等。而愛因斯坦告訴我們，質量其實也可以想成是能量的其中一種形式。

由質子、中子組成的原子核

進入微觀世界

在波耳的原子模型解開原子結構之謎後，物理學家們的興趣開始進一步往原子核內部轉移。

1932年，詹姆斯・查兌克發現了「中子」，讓科學家們知道原子核包含帶正電的質子，以及電中性的中子。

「質子」和「中子」合稱為**「核子」**。

下圖是He原子的模型圖。

「質子」和「中子」的質量幾乎相等（中子略大一點點）。而跟「質子」相比，電子的質量只有$\frac{1}{1840}$左右，非常微小。

圖 5-7 He原子

因為「質子」的英文稱為proton，故習慣用p表示；「中子」是neutron，故符號為n；「電子」則跟過去一樣用e^-來代表。

將這三者的性質和表示方式整理成表格後，就如下一頁的圖表。

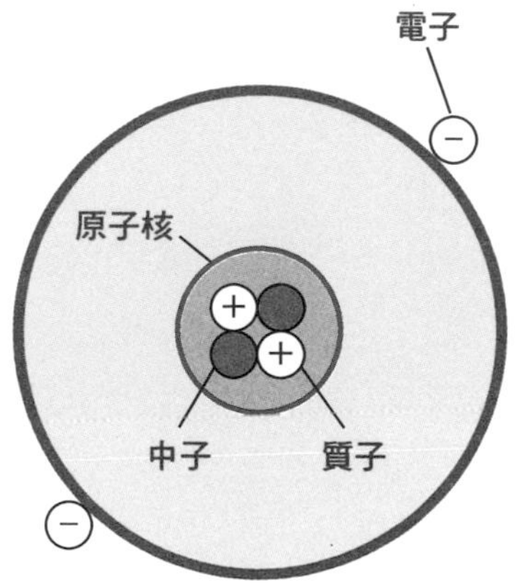

圖 5-8　3種粒子的性質表

	符號	電荷	質量
⊕ 質子 (proton)	$^{1}_{1}\mathrm{p}$	$+e$	定義為m_p
○ 中子 (neutron)	$^{1}_{0}\mathrm{n}$	0	$\fallingdotseq m_p$
⊖ 電子 (electron)	$^{0}_{-1}\mathrm{e}$	$-e$	$\fallingdotseq 0$

表示和分類的方法

原子核的表示方法如右圖。

表示原子種類的元素符號的左上是質量數，等於「質子和中子的總和」；左下則是「質子數」。質子數又稱為**「原子序」**。原子序也可以解釋成「電荷量是$+e$[C]的多少倍」。

另外，Z（原子序）相同，但A（質量數）不同的原子稱為**「同位素（Isotope）」**。

由於質量數等於「質子＋中子」，所以原子序（質子數）相同但質量數不同，也可以理解成兩者的中子數不同。

圖 5-9 原子核的表示法

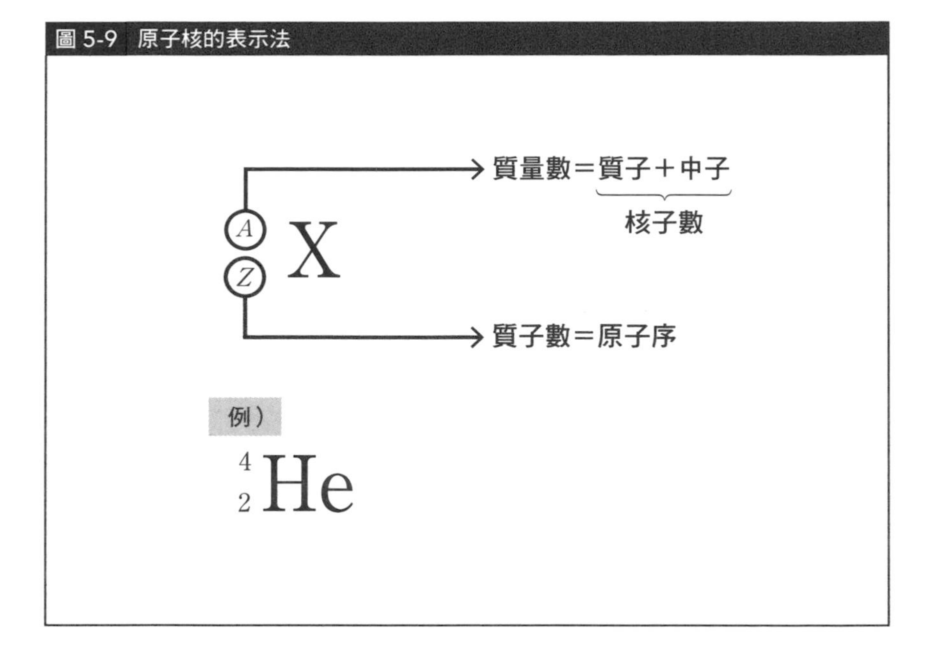

「強力」的存在

本節舉例的He原子核有2個質子，這2個質子都帶正電荷，而且距離又非常近，照理說它們之間應該會有非常大的庫侖力互相排斥才對。然而，現實是這2個質子卻緊緊黏在一起。

這暗示了在質子和中子之間，還存在著一種把核子牢牢黏起來，而且力量遠大於庫侖力的作用力。最初科學家們認為這是作用在「核子」上的力，故將它稱為**「核力」**。

現在，科學家認為這股作用力真正的作用對象應該是構成質子和中子的更微小粒子——夸克，並將這個作用力稱為**「強力」**。物理學家**湯川秀樹**博士認為「強力」跟一種被稱為「π介子」的基本粒子有關，並預言了這種粒子的存在，在1949年成為首位拿到諾貝爾物理學獎的日本人。

若是將核子拆開，則總質量會改變

被推翻的「質量守恆定律」

有個現象可以證明愛因斯坦「質量和能量等價」的主張是正確的。

請看下圖。

圖 5-10 原子核的天秤

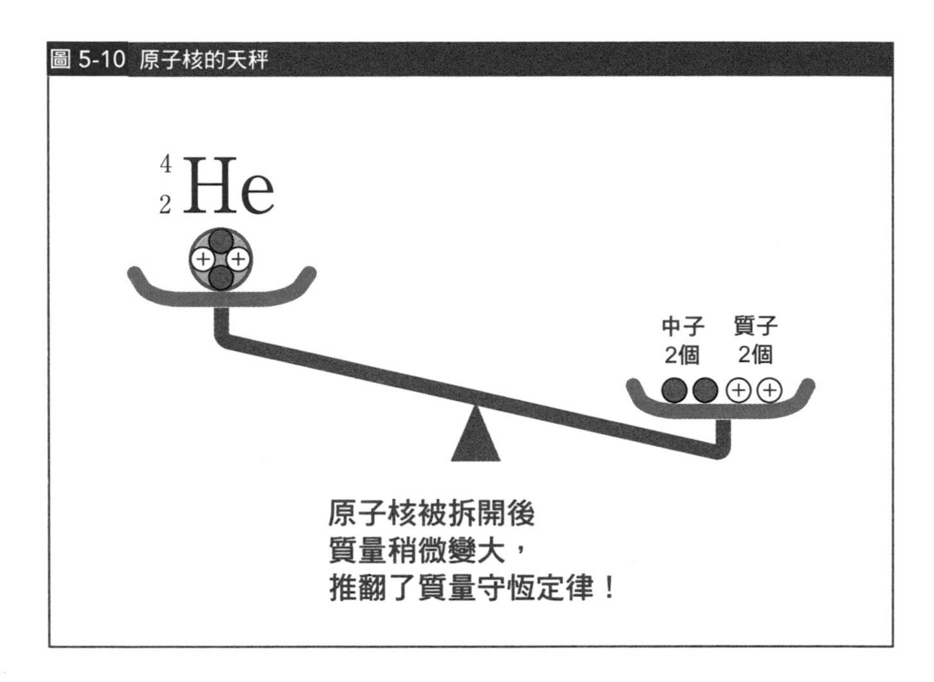

如圖所示，把2個中子和2個質子組成的He原子核，跟零散分開的2個中子和2個質子放在天秤上，會發現拆散的中子和質子總質量略大於結合的He原子核。這個結果完全顛覆了「質量守恆」的常識。

對於這個現象，愛因斯坦認為「兩者的質量差，源自一部分的質量轉換成了能量」。換言之，要把被「強力」牢牢黏在一起的穩定原子核拆成零散的中子和質子，必須給予原子核足以剝開「強力」的能量；而愛因斯坦認為這股能量會轉換成質量，附加在拆散後的核子上。

順帶一提，這個質量的落差稱為**「質量缺陷」**，而拆散原子核所需的能量則稱為**「鍵能」**。

換言之，**原子核的「鍵能」愈大，代表「原子核愈穩定」**。而已知**「鍵能」最大的原子核是「鐵」的原子核**。

也就是說，「鐵」是種很難被拆開、相當穩定的原子。

核分裂

「鐵Fe」的質量數是56。而原子的質量數跟56差得愈多，不論是比它小還是比它大，「鍵能」都愈小。

換句話說，如果使質量數比56大很多的原子（比如鈾238）分裂成數個小質量的原子，就能使原子釋放出等同於分裂前後質量差額的能量。這就是**「核分裂」**。核能發電和原子彈都是利用核分裂產生的能量。

核融合

跟核分裂相反，使質量數比56小很多的原子（比如氫）撞在一起結合成質量數更大的原子，也同樣可以獲得能量。這稱為**「核融合」**，譬如太陽就是由大量氫原子不斷結合成氦原子來產生能量，這個反應已進行了大約46億年。其他像氫彈也是利用「核融合」反應。

因原子核衰變而放出的「輻射」

關於輻射

自然界存在的鈾和鐳等元素的原子核非常不穩定，會不斷以粒子或電磁波的形式釋放多餘的能量，轉換成其他種類的原子核。這個現象稱為**「放射性衰變（又或直接稱為「衰變」）」**。

而此時原子核釋放的東西便是**「輻射」**。

在拉塞福、貝克勒以及居禮夫婦等偉大科學家的努力下，人類漸漸認識「輻射」的性質。

「放射性物質」、「輻射」、「輻射能」等辭彙常常被混淆亂用，故下面整理一下它們各自的定義。

- 放射性物質…會自然放出輻射的不穩定物質
- 輻射…高能量的粒子或電磁波（α 射線、β 射線、γ 射線等）
- 輻射能…釋放輻射的性質、能力

我們常常在新聞或網路上聽到「～有輻射能外洩」之類的說法，嚴格來說這是錯誤的，正確的說法應該是「～有放射性物質外洩」。因為「輻射能是指釋放輻射的能力」，所以輻射能本身是不會外洩的。

我們可將其類比為「香水」來思考。

你只要想成「香水＝放射性物質」，而「香水的香味＝輻射」，「香水香味的強度＝輻射能」，這樣理解的話應該就不會搞錯了。

α衰變

代表性的「衰變」現象有3種。

在1898年前後，拉塞福發現天然鈾礦和釷礦至少會釋放2種不同的輻射。他將第1種稱為**「α射線」**，另一種稱為**「β射線」**。

首先先介紹α衰變。α衰變是$^{4}_{2}He$原子核從原始物質的原子核中飛出的現象。而此過程中釋放的$^{4}_{2}He$原子核就稱為「α射線」。

因此，原始的原子核在衰變後質量數會減4，原子序會減2。

β衰變

當初，科學家曾一度以為「β衰變」是原始物質原子核內的質子變成中子的現象。

然而，帶正電的質子變成電中性的中子，這件事會違反「電荷守恆定律」。

其實，此時原子核也同時釋放出了「電子」。而這個「電子」便是「β射線」的真面目。

即便如此，「β衰變」仍然是個很奇妙的現象，因為在檢驗各種實驗中飛出的中子和電子的能量和動量後，它們似乎打破了「能量守恆定律」和「動量守恆定律」。因為這個觀察結果，當時科學家們一度認為「β衰變是人類首次遇到、不遵守能量守恆和動量守恆的現象」，且波耳等人也實際以此為主題寫了論文。

但與此同時，卻有另一名科學家認為「不對，β衰變應該也遵守能量和動量守恆定律！」。這個人就是出生於奧地利的**沃夫岡・包立**。包立推測「β衰變理論上應該也適用能量守恆和動量守恆定律，但看起來卻不遵守，可能是因為還有1個更微小難以觀測的粒子在過程中被釋放」，這個微小粒子後來被恩里科・費米命名為「微中子」。而在包立做出預言大約30年後，萊因斯等科學家也直接觀測到了「微中子」。順帶一提，包立這個人非常不擅長做實驗，經常搞壞實驗器材，因此常被身邊的朋友用「包立效應」的說法調侃。據說包立本人也很喜歡「包立效應」這個詞。

而引發「β 衰變」的力被稱為「弱力」，是宇宙的基本力之一。

順帶一提，位於日本岐阜縣神岡的「神岡探測器」是全球第1個觀測到來自太陽系外微中子的探測器。這項成就也讓該單位的負責人**小柴昌俊**博士在2002年拿到諾貝爾物理學獎。

另外，小柴博士的學生**梶田隆章**博士也用「神岡探測器」的後繼設施**「超級神岡探測器」**測量出微中子的質量，在2015年獲頒諾貝爾物理學獎。現在超級神岡探測器的下一代設備「超巨型神岡探測器」也在建設之中。

在微中子研究方面，日本毋庸置疑是全球的領先者。

γ衰變

最後是「γ 衰變」，但老實說，這個現象用「衰變」來描述其實有點太誇張了。因為原始的原子核完全沒有任何改變。

γ 衰變單純只是從高能量的狀態轉移到低能量狀態時，減少的能量變成電磁波（光）釋放出去的現象。而這個電磁波就稱為「γ 射線」。

機率性發生的原子核衰變

「衰變」是完全隨機的

最後要解說「衰變的情形」。

現在，假設眼前有1個總有一天會「衰變」的「衰變原子核」。那麼，我們可以正確預測這個原子核什麼時候會發生「衰變」嗎？

直接說結論，其實「衰變」是種「完全隨機發生的現象」。

換言之，你眼前的這個「原子核」到底會在1秒後衰變，還是會在1年後衰變，誰也不知道答案。不過，可以確定這是個「機率固定的現象」。

而這正是愛因斯坦畢生都反對量子論的原因。雖然是愛因斯坦自己提出了「波粒二象性」這個量子論的基礎概念，但他直到最後都不能接受「現象會按機率發生」的想法。而且在年紀增長後，他的反對態度不減反增。

我想你可能有聽過關於愛因斯坦的一個故事，那就是對於「上帝會不會擲骰子」的爭論。而愛因斯坦認為「上帝不擲骰子」。他是決定論這個古老西方哲學的信徒，相信宇宙中發生的所有現象皆由神決定，依照神安排的規律運作。

當然，如果只是空口堅持「我就是不喜歡由機率決定的想法！」，那就跟小孩耍脾氣沒兩樣，所以愛因斯坦也確實對科學界提出了合理的挑戰。他質問支持量子論的科學家：「既然如此你們就回答看看，這些現象該如何用量子論，也就是機率論來理解吧！」而那位接受了愛因斯坦挑戰的對手，就是尼爾斯·波耳。

這便是知名的「波耳-愛因斯坦之爭」。而這場關於「上帝到底丟不丟骰子」的論辯，最終由波耳獲得勝利。現代物理學承認了量子論的勝利，即「上帝確實會擲骰子」。

換言之，連上帝也不知道宇宙會發生什麼事。上帝只負責擲骰子，自己也不知道會擲出幾點。

半衰期

「半衰期」是個跟衰變時間有關的概念。

比如，質量數14的碳原子C（寫作14C，讀作碳14）的「半衰期」大約是5700年，這代表宇宙中現存的所有碳原子，將在5700年的2倍，即11400年間全部衰變一次。

「半衰期5700年」的意思，就是說假如你有1000個碳14，經過5700年後，其中的一半（500個）有機率衰變的意思。換言之，「半衰期」即是「現存原子核」中的一半發生衰變的時間。

碳元素定年法

相信很多人都在新聞上看過「發現了□□年前的遺跡！」、「這次挖掘到的化石是△△萬年的東西！」等報導。

但這些遺跡和化石上明明沒有寫日期，考古學家怎麼能確定它們是「○○年前」的呢？這是因為他們運用了**「定年法」**。

現代最主流的定年方法之一是**「碳定年法」**。因為「碳」其實也是放射性物質。

動植物，亦即有機體不可或缺的「碳」也是放射性物質。碳的同位素碳14是質量數14的碳，是由來自宇宙的宇宙輻射跟地球大氣中的氮14（14N）撞擊後形成的。

碳14形成後會飄落到地表，但碳14是非常不穩定的原子，無法長久維持。因此它會放出輻射，最終衰變成其他原子。

除了碳14之外，碳原子還有另一種穩定的形式稱為碳12。換言之，我們的周遭同時存在著不穩定的碳14和穩定的碳12。而由於「放射性衰變」會按照一定的機率發生，因此地球上的碳14照理說會愈來愈少，但宇宙中也不斷有新的宇宙輻射來到地球，生成新的碳14，所以地球上的碳14和碳

12的比例應該是固定不變的。

碳14和碳12是同位素，所以化學性質也相同，植物在行光合作用時不會去區分兩者，會把2種碳都吸收到體內。然後植物會被草食動物吃掉，而草食動物又被肉食動物吃掉。

因此，理論上只要不停止進食，動植物們體內的碳14和碳12比例也應該固定不變。

然而，在植物枯萎、動物死掉後，便不會再攝入新的碳14和碳12，因此殘留在體內的碳14數量會愈來愈少。所以只要分析遺跡中的木頭或化石，測量其中碳14的減少情形，就能推知「距離這個動植物死亡的時間已經過○○年」。

結語

「我以後生活又不會用到理化知識，也絕對不可能從事科學相關的職業吧……」

我在中學二年級的時候，曾發自內心地如此認為。

然而現在，我卻在升學補習班教大學準考生們「物理學」。這是因為我遇到了某個轉機。

我所就讀的學校是中高一貫的完全中學，升上高中二年級後才有專門的物理課。

雖然距今已有15年之久，但我依舊清晰記得第1次上物理課那天，自己是在哪間教室、坐在哪張椅子上。

第1次打開物理課本時，我就立刻有種直覺「啊、我畢業後說不定會去大學物理系」。這便是「我和物理」電波對上的瞬間。

之後，我也真的進入大學物理系就讀。人類在某種契機下喜歡上某個事物，真的是一件很不可思議的事情。在高中對「物理」一見鐘情後，我的愛至今從來沒有改變過。

回歸正題，非常感謝你將本書讀到最後。

如果本書有讓「你和物理」的電波稍微對上，使你稍微萌生「物理其實還算有趣、物理很好玩、物理真是不可思議」的感覺，本書的任務便可算是120%達成了。

最後，想在此感謝過去曾經被我教過的所有學生。

那麼，但願後會有期。

參考文獻

- 《新・物理入門》山本義隆（駿台文庫）
- 《古典力学の形成─ニュートンからラグランジュへ》山本義隆（日本評論社）
- 《物理に関する10話》坂間勇（駿台文庫）
- 《物理教室》河合塾物理學科（河合出版）
- 《図解入門 よくわかる高校物理の基本と仕組み》北村俊樹（秀和System）
- 《カラー図解でわかる高校物理超入門》北村俊樹（SB Creative）
- 《物理学は何をめざしているのか》有馬朗人（筑摩書房）
- 《創造への飛躍》湯川秀樹（講談社）
- 《物理学とは何だろうか上・下》朝永振一郎（岩波新書）
- 《現代物理学の自然像（Das Naturbild der heutigen Physik）》維爾納・海森堡著，尾崎辰之助譯（Misuzu書房）
- 《パラダイムとは何か》野家啓一（講談社）
- 《理論物理学入門》都筑卓司（總合科學出版）
- 《10歳からの量子論─現代物理をつくった巨人たち》都筑卓司（講談社）
- 《「量子論」を楽しむ本─ミクロの世界から宇宙まで最先端物理学が図解でわかる》佐藤勝彦（PHP研究所）
- 《ニュートリノの夢》小柴昌俊（岩波junior新書）
- 《古典物理学を創った人々─ガリレオからマクスウェルまで（From Falling Bodies to Radio Waves: Classical Physicists and Their Discoveries）》埃米利奧・塞格雷著，久保亮五、矢崎裕二譯（Misuzu書房）
- 《X線からクォークまで 20世紀の物理学者たち（From X-rays to Quarks: Modern Physicists and Their Discoveries）》埃米利奧・塞格雷著，久保亮五、矢崎裕二譯（Misuzu書房）

本書執筆時參考了以上書籍。在此致上最深的謝意。

著者介紹

池末翔太

考試激勵師。升學補習班講師。線上升學補習班「学びエイド」認證的鐵人講師。
1989年生於福岡縣。考進大學後，擔任過4間補習班的講師，經驗豐富，更在其中2間補習班升任主任講師。
大學時期與他人合著《中高生の勉強あるある、解決します。》。現於升學補習班教授物理和數學，偶爾也會到高中開課或演講。著作和共同著作有《200個超神必勝學習法》（天下文化）、《中高生の勉強“まだまだ”あるある、解決します。》（Discover 21）、《公式を暗記したくない人のための高校物理がスッキリわかる本》（秀和System）等。另擔任過〈テストの花道ニューベンゼミ（NHK教育頻道）〉、〈朝日新聞〉、〈リクルート キャリアガイダンス〉、〈学研 ガクセイト〉等節目、出版物以及網站的來賓和監修。

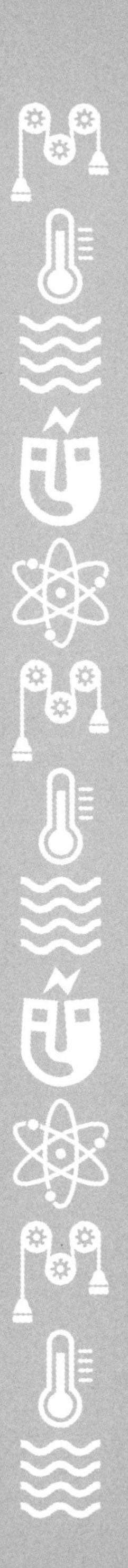

日本版Staff

內文設計　　斎藤充（クロロス）
內文DTP・圖版　　クニメディア

國家圖書館出版品預行編目 (CIP) 資料

超易懂高中物理筆記：死記硬背OUT!用圖像記憶讓你輕鬆搶分/池末翔太著；陳識中譯. -- 初版. -- 臺北市：臺灣東販股份有限公司, 2023.06
256 面；14.8×21 公分
ISBN 978-626-329-830-9（平裝）

1.CST: 物理學

330　　112006420

ICHIDO YONDARA
ZETTAI NI WASURENAI
BUTSURI NO KYOKASHO

Originally published in Japan in 2022
by SB Creative Corp.,TOKYO.
Traditional Chinese translation rights
arranged with SB Creative Corp.,TOKYO,
through TOHAN CORPORATION, TOKYO.

超易懂高中物理筆記
死記硬背OUT！用圖像記憶讓你輕鬆搶分

2023年6月1日初版第一刷發行
2024年6月1日初版第五刷發行

著　　者　池末翔太
譯　　者　陳識中
副 主 編　劉皓如
美術編輯　黃郁琇
發 行 人　若森稔雄
發 行 所　台灣東販股份有限公司
　　　　　<地址>台北市南京東路4段130號2F-1
　　　　　<電話>（02）2577-8878
　　　　　<傳真>（02）2577-8896
　　　　　<網址>http://www.tohan.com.tw
郵撥帳號　1405049-4
法律顧問　蕭雄淋律師
總 經 銷　聯合發行股份有限公司
　　　　　<電話>（02）2917-8022